Antonio Vincenti

FISICA
DELLA CONVERSIONE
FOTOVOLTAICA
Dalla radiazione solare all'energia elettrica

IESL

Prima edizione

Data di pubblicazione: 9 novembre 2015

Codice ISBN-13: 978-1518891427

Codice ISBN-10: 151889142X

Ad Anita e Andrea

INDICE

Premessa

L'energia solare è tra le fonti energetiche, quella in maggiore abbondanza sulla Terra.

Ogni anno infatti, il Sole irradia sul nostro pianeta circa 20.000 miliardi di TEP (Tonnellate equivalenti di Petrolio) mentre "solo" 11 miliardi di TEP sarebbero sufficienti a soddisfare le richieste energetiche di tutto il pianeta.

Dal postulato fondamentale di Lavoisier, *"nulla si crea, nulla si distrugge, tutto si trasforma"*, deriva il punto cardine del principio di conservazione dell'energia; eppure l'uomo continua a vivere comportandosi in aperta violazione di tale concetto, basando le proprie scelte quotidiane sulla convinzione che le risorse si creino dal nulla, che i rifiuti si distruggano nel nulla e che tutto rimanga sempre uguale, senza nessuna trasformazione.

Il problema energetico sta esercitando negli ultimi anni un notevole interesse in tutto il mondo a causa dell'inesorabile esaurimento dei combustibili fossili quali petrolio, carbone e metano con i quali oggi produciamo oltre il 90% dell'energia nel mondo. Sono bastati infatti alcuni decenni di industrializzazione per svuotare i "giacimenti di energia", creati in migliaia di anni da lenti processi naturali.

La richiesta energetica globale di energia aumenta oggi con un ritmo di circa il 2% l'anno, ciò significa, che entro il 2100, la temperatura media della Terra subirà un ulteriore incremento di circa 2°C con tutte le inevitabili conseguenze che ciò comporta.

Dopo la crisi energetica del 1973 diverse Nazioni, tra cui la vicina Francia, decisero di optare per il nucleare con il preciso intento di raggiungere l'indipendenza energetica, mentre Paesi come l'Italia, a causa di una politica energetica inadeguata, patiscono ancora oggi un dissesto energetico non indifferente.

La tecnologia nucleare ha raggiunto livelli di affidabilità e sicurezza elevati, ma rimane la questione, non ancora risolta, delle scorie radioattive, alcune delle quali impiegano milioni di anni per divenire innocue. E' anche noto, nonostante il nucleare sia indiscutibilmente una fonte energetica altamente produttiva, che aumentando il numero delle centrali atomiche aumenta la probabilità che si verifichino guasti, più o meno rilevanti.

L'imminente crisi energetica, dovuta soprattutto all'industrializzazione di quei paesi che fino a poco tempo fa erano considerati poco "energivori" ed il lento ma inesorabile processo di inquinamento globale dovuto alla produzione di energia da fonti fossili, impongono oggi una diversificazione dell'offerta energetica a favore di fonti energetiche pulite e rinnovabili, capaci di coniugare l'utilizzo di tecnologie tradizionali con soluzioni digitali innovative, rendendo la gestione della rete elettrica maggiormente flessibile grazie a uno scambio di informazioni più efficace (*smart grids*).

La tecnologia fotovoltaica sfrutta le proprietà che hanno alcuni materiali a generare dei flussi elettrici quando investiti da radiazione solare.

Nel testo vengono discussi gli aspetti relativi alla tecnologia di conversione della radiazione solare in energia elettrica. Il primo capitolo è dedicato alla storia dell'energia solare, dall'antichità ai giorni nostri; nel secondo capitolo vengono studiate le proprietà della radiazione solare; il terzo capitolo affronta le tematiche relative alla fisica della conversione fotovoltaica.

CAPITOLO 1

INTRODUZIONE E CENNI STORICI

1.1 Introduzione

Il programma di apprendimento utilizzato per la stesura del testo, comprende una vasta serie di argomenti atti a fornire il massimo delle nozioni richieste da un equilibrato grado di approfondimento degli argomenti. Si è cercata un'esposizione scorrevole e schematica e le parti che richiedono un maggiore sforzo concettuale (sia per la difficoltà, sia perché trattasi di concetti probabilmente inusuali) sono affiancate da numerose immagini, che hanno lo scopo di integrare l'esposizione teorica con un continuo richiamo pratico e visivo.

La terminologia all'interno del testo e il glossario alla fine, consentono al lettore di acquisire una buona padronanza dei termini tecnico-scientifici.

La conversione della radiazione solare in energia elettrica, mediante la tecnologia fotovoltaica, non genera alcun tipo di inquinamento, se si escludono le ridotte emissioni dovute alla costruzione degli elementi che costituiscono il sistema di captazione e trasformazione ed ogni kWh prodotto da fonte solare evita l'immissione in atmosfera di oltre 0,5 kg di CO_2, gas responsabile dell'effetto serra.

Sebbene la fonte solare sia enormemente abbondante sul nostro pianeta ed a costo zero, essa si presenta molto diluita ed aleatoria e le efficienze di conversione attuali dei dispositivi di captazione sono relativamente basse ed inducono pertanto ad un rapporto tra la superficie occupata dai captatori e la densità di potenza disponibile dagli stessi molto elevata (6-8 m^2/kW); per tali motivi è doveroso sottolineare che tale tecnologia, allo stato dell'arte attuale, non è da considerarsi la soluzione alla crisi energetica mondiale ma semplicemente un valido supporto alla generazione di energia elettrica.

1.2 Cenni storici

1.2.1 Il Sole degli antichi

Sin dall'alba del genere umano il Sole è stato venerato con riti e manifestazioni di ogni genere. Innumerevoli testimonianze dimostrano che in ogni mitologia, ad ogni latitudine il Sole ha sempre avuto un ruolo fondamentale nel processo vitale dell'uomo; di giorno è l'occhio illuminante che sorveglia la Terra, di notte è l'immenso regno oscuro di Osiride.

La forma circolare del Sole ha ispirato diverse danze rituali: gli indiani Dakota si riunivano intorno a un enorme albero che simboleggiava la vita, formando un cerchio perfetto; l'iconografia egizia rappresentava i propri dèi per mezzo di simboli come il disco solare o le ali del falco; nella mitologia greca, Elio, il dio del Sole, oltrepassava il cielo su un carro d'oro, da oriente verso occidente e la notte attraversava il fiume Oceano per ricominciare il giorno dopo.

Nelle culture precolombiane, la più grande festa religiosa Inca era l'*Intip Raymi* (la "danza del Sole"), in onore di Inti (Sole), il creatore degli Inca. Questi ultimi accendevano un "fuoco sacro" mediante uno specchio ustorio che catturava il potere solare; il fuoco sacro veniva dato in custodia alle "vergini del Sole" fino al successivo *Intip Raymi*. Questa festa è celebrata ancora oggi dai popoli andini.

1.2.2   Storia dell'effetto fotovoltaico

I primi ad osservare le evoluzioni del sole furono gli astronomi cinesi, i quali nel 200 a.C. notarono ad occhio nudo delle strane macchie presenti sulla superficie solare.

Nel 1611, grazie all'invenzione del telescopio, Galileo, Scheiner, e Fabricius poterono osservare e studiare le macchie solari: cominciò in quegli anni uno studio sistematico del Sole.

Nel XIX secolo gli astronomi teorizzarono che l'enorme quantità di energia emessa dal Sole provenisse da una grande massa di carbone ardente; in quel tempo, infatti, il carbone era la fonte di energia principale.

In quegli stessi anni, l'invenzione dello spettroscopio e la nascita della spettroscopia permisero nel 1814 al fisico tedesco Joseph Von Fraunhofer (1787 - 1826) di formulare le basi per i primi studi teorici dell'atmosfera solare.

Nel 1839, il fisico francese Alexandre Edmond Becquerel (1820-1891), appena diciannovenne, presentò all'Accademia delle Scienze di Parigi una *Memoria sugli effetti elettrici prodotti sotto l'influenza dei raggi solari*. Becquerel scoprì che in alcuni tipi di materiali, che successivamente vennero chiamati semiconduttori, l'intensità della corrente elettrica aumentava quando si esponeva l'elemento in esame alla luce solare. Era l'inizio del fotovoltaico.

Nel 1887 Heinrich Hertz , durante alcuni esperimenti, evidenziò inconsapevolmente il fenomeno fisico rilevato da Becquerel ponendo una base empirica alla teoria dei quanti e alla fisica moderna.

Dopo parecchi studi teorici e sperimentali durati oltre un secolo, presso i laboratori Bell vide la luce nel 1954 la prima cella solare commerciale; il costo proibitivo e una tecnologia ancora primordiale ne limitarono l'utilizzo ad applicazioni spaziali; successivamente, migliorata la resistenza alle condizioni ambientali, a metà degli anni '70 si cominciarono a studiare celle solari per applicazioni terrestri.

In questi ultimi anni, gli sforzi maggiori sono dedicati a ridurre ulteriormente il costo derivante dalla lavorazione del materiale semiconduttore. Il materiale principalmente utilizzato per la realizzazione delle celle solari è il silicio cristallino, mentre altri materiali in fase di studio, perché maggiormente promettenti dal punto di vista economico sono:

- ✓ il solfuro di cadmio (CdS),
- ✓ l'arsenuro di gallio (GaAs)
- ✓ celle ibride HIT (Heterojunction with Intrinsec Thin Layer);
- ✓ il silicio amorfo.

Quest'ultimo, il silicio amorfo, è particolarmente apprezzato per la capacità intrinseca di plasmarsi armoniosamente nel tessuto urbano seppur è caratterizzato da scarse efficienze di conversione, che ne limitano la diffusione territoriale.

Altri semiconduttori utilizzati per la conversione fotovoltaica sono il diseleniuro di rame ed indio (CIS) ed il tellurio di cadmio (CdTe).

Alcune aziende stanno sviluppando celle fotovoltaiche organiche con l'obiettivo di realizzare un prodotto economico, resistente, affidabile e producibile su scala industriale. Il progetto più recente prevede l'utilizzo di cloroplasti e proteine fotosintetiche per la produzione di una cella fotovoltaica ad alta efficienza e a basso costo.

CAPITOLO 2

LA RADIAZIONE SOLARE

Sul nostro pianeta la vita è resa possibile grazie alle reazioni chimico-fisiche indotte dal Sole, risulta opportuno quindi, ai fini dello sfruttamento della risorsa solare disponibile per usi energetici, evidenziare sinteticamente l'interazione tra la Terra ed il Sole.

Si definisce radiazione solare l'energia elettromagnetica emessa dai processi di fusione dell'idrogeno contenuto nel Sole.

2.1   Cenni di geografia astronomica

La geografia astronomica è la scienza che studia, interpreta e descrive gli eventi celesti. Studia le origini e l'evoluzione, le proprietà chimico-fisiche e temporali degli oggetti che costituiscono l'Universo e che possono essere osservati sulla sfera celeste.

2.1.1   La Terra

La Terra è il terzo pianeta in ordine di distanza dal Sole e il quinto come dimensioni.

Il moto di rotazione è quello che compie attorno al proprio asse in senso antiorario (rispetto a un osservatore posizionato al polo Nord) e che si completa in circa 24 ore. Il moto di rivoluzione è invece compiuto attorno al Sole con un'orbita ellittica e un periodo di circa 365,242 giorni (365d 06h 09' 10"). Data l'ellitticità dell'orbita terrestre la distanza Sole-Terra non è costante nel corso dell'anno ma varia di ±1,7%; il punto di massima distanza è detto *afelio* e misura circa 152,1 milioni di Km (7 luglio), mentre il punto di minima distanza è detto *perielio* e misura circa 147,1 milioni di Km (6 gennaio).

18

La linea immaginaria che congiunge il perielio con l'afelio è detta *linea degli apsidi* (fig. 2.1).

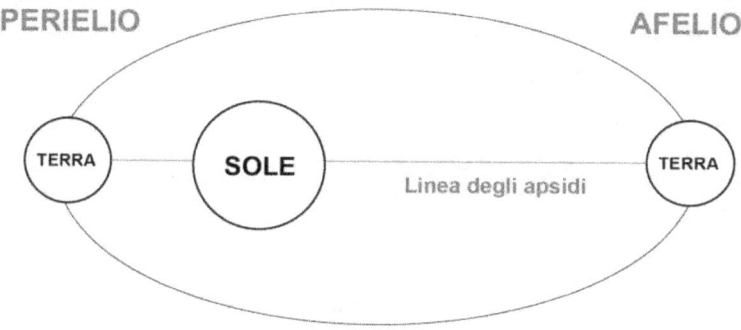

Figura 2.1 – Schema della rotazione terrestre

Il piano orbitale non coincide col piano equatoriale della Terra (fig. 2.2): l'asse terrestre risulta, pertanto, inclinato di 23°27' (23,45) rispetto alla perpendicolare condotta sul piano orbitale. Il piano orbitale viene detto *eclittica*.

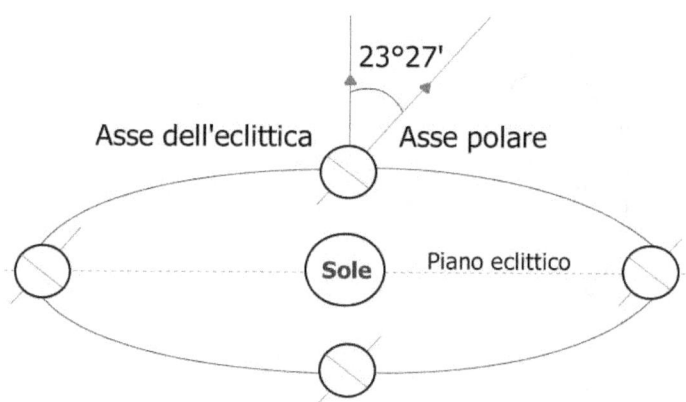

Figura 2.2 – Inclinazione dell'asse terrestre rispetto al piano eclittico

A causa dei moti della Terra la superficie terrestre è esposta al Sole in tempi diversi, dando origine al susseguirsi delle stagioni e del dì e della notte. La durata del dì e della notte varia di giorno in giorno ad eccezione di due momenti particolari in cui i raggi del Sole sono perpendicolari all'asse terrestre. Durante gli equinozi infatti, la durata del dì è uguale alla durata della notte, in ogni punto della Terra.

A causa del moto di rotazione della Terra, il Sole sorge a Est e tramonta a Ovest.

2.1.2   Il Sole

Il Sole, l'astro centrale del Sistema solare, è una sfera di gas ad altissima temperatura, la cui materia è tenuta unita dalla forza di attrazione gravitazionale. Gli elementi principali che compongono il Sole sono l'idrogeno (80%) e l'elio (19%), mentre in una piccolissima parte (1%) sono stati rinvenuti quasi tutti gli elementi conosciuti. È considerato l'astro più luminoso del cielo ma, in realtà, appartiene alla sequenza principale del diagramma di Hertzsprung-Russell (fig. 2.3): è cioè solo una dei cento miliardi di stelle che popolano la Via Lattea.

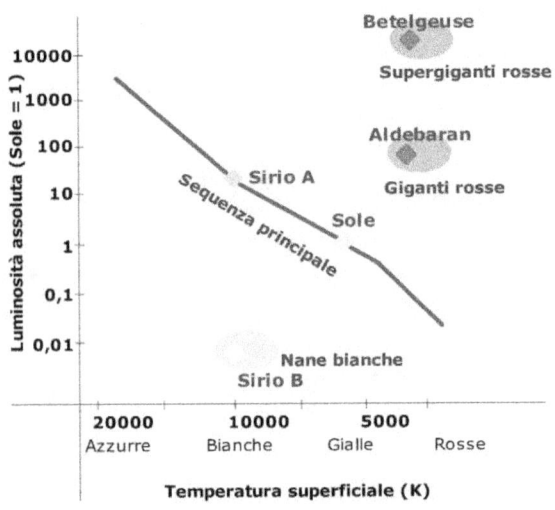

Figura 2.3 - Diagramma di Hertzsprung e Russell

20

Il diametro del Sole è di circa 1,392 milioni di chilometri, ben 109 volte quello terrestre.

Il Sole è animato da un moto di rotazione attorno al proprio asse con un'inclinazione sull'eclittica di circa 83° e da un moto di traslazione nello spazio di circa 19,5 Km/s verso un punto imprecisato della costellazione di Ercole.

L'atmosfera del Sole è composta sostanzialmente da tre strati: la **fotosfera**, la **cromosfera** e la **corona**.

La fotosfera costituisce la superficie luminosa che circonda il Sole e delimita sfericamente il globo espandendosi per qualche centinaio di chilometri. Al di sopra della fotosfera, la cromosfera si estende per qualche migliaio di chilometri ed è composta prevalentemente da idrogeno a pressione relativamente bassa con una temperatura inferiore a quella della fotosfera; nella cromosfera si osservano le protuberanze, getti di gas incandescente di colore rosso-violaceo. La corona solare è lo strato superiore dell'atmosfera solare e costituisce la zona di transizione fra il Sole e lo spazio interplanetario; si estende al di sopra della cromosfera fino a raggiungere la Terra ed è composta da materia solare a bassissima densità e ad elevata temperatura, è caratterizzata da un colore bianco latteo, visibile durante le eclissi totali o con particolari strumenti.

La distanza media tra il Sole e la Terra, misurata come parallasse solare, è di circa 149,5 milioni di chilometri pari, per definizione, a una Unità Astronomica (U.A.). Come già trattato al paragrafo 2.1.1, a causa dell'ellitticità dell'orbita terrestre la distanza Sole-Terra non è costante nel corso dell'anno ma varia di ±1,7%, così come varia del ±3,3%, per la stessa ragione, il valore della costante solare.

L'energia che il Sole irradia sul nostro pianeta è dovuta a reazioni termonucleari; la fusione nucleare di interesse per il fotovoltaico è il *ciclo protone-protone*, che consiste nella trasformazione di quattro nuclei di idrogeno in un nucleo di elio; la massa di quest'ultimo è leggermente inferiore della somma delle masse dei nuclei di idrogeno, la differenza quindi, viene trasformata in energia mediante la relazione di Einstein $(E=mc^2)$.

Il ciclo p-p genera un "difetto di massa":

$$m = 4 \cdot \text{Massa idrogeno} - \text{Massa elio} = 4{,}76530 \cdot 10^{-29} \text{ kg}$$

La massa perduta si trasforma in energia:

$$E = m \cdot c^2 = 4{,}76530 \cdot 10^{-29} \text{ [kg]} \cdot 8{,}98 \cdot 10^{16} \text{ [m/s]} = 4{,}2828408 \cdot 10^{-12} \text{ [J]}$$

Il sole perde complessivamente $4{,}3 \cdot 10^9$ kg/s con una potenza totale sviluppata P_s pari a $3{,}845 \cdot 10^{20}$ MW.

L'irraggiamento sulla superficie solare I_s sarà pertanto:

$$I_S = P_S / A_S = 63{,}17 \text{ MW/m}^2$$

L'irraggiamento solare I_s si propaga con simmetria sferica fino a raggiungere la fascia più esterna dell'atmosfera terrestre, con un irraggiamento extratmosferico I_T pari a:

$$I_T = I_S \cdot R^2{}_S / R^2{}_{ST} = 1325 \div 1417 \text{ W/m}^2$$

In cui:

A_s = Area del sole = $6{,}089 \cdot 10^{12}$ Km^2

R_s = Raggio del sole = $6{,}9626 \cdot 10^5$ Km

R_{st} = Distanza sole-terra = $1{,}471 \cdot 10^8$ Km $\div$ $1{,}521 \cdot 10^8$ Km

Tale energia si propaga con simmetria sferica nello spazio, raggiungendo la fascia più esterna dell'atmosfera terrestre con un'intensità incidente per unità di tempo su una superficie unitaria, pari a 1367 W/m^2 ±3,3% (costante solare).

2.1.3 Le interazioni tra la Terra e il Sole

Il Sole esercita la propria attrazione gravitazionale sulla Terra mantenendola in orbita ellittica e consentendone la diffusione della vita attraverso i comuni processi chimico-fisici.

L'alternarsi delle stagioni, del dì e della notte sono eventi ciclici dovuti all'interazione tra la Terra e il Sole. Il moto di rivoluzione del nostro pianeta attorno al Sole unitamente all'inclinazione sull'eclittica dell'asse terrestre danno origine al susseguirsi delle stagioni mentre l'alternarsi del dì e della notte è dovuto al moto di rotazione della Terra attorno al proprio asse.

Durante il moto di rivoluzione della Terra attorno al Sole esistono quattro punti fondamentali che segnano il principio di ciascuna stagione (fig. 2.4):

✓ l'*equinozio di primavera* (21 marzo) segna l'inizio della primavera nell'emisfero boreale e dell'autunno in quello australe;

✓ l'*equinozio d'autunno* (23 settembre) segna l'inizio dell'autunno nell'emisfero boreale e della primavera in quello australe;

Durante gli equinozi la durata del dì (luce) è uguale a quella della notte (buio).

✓ Il *solstizio d'estate* (21 giugno) segna l'inizio dell'estate nell'emisfero boreale e dell'inverno in quello australe. In tale periodo la durata del dì raggiunge il valore massimo nell'emisfero boreale e il valore minimo in quello australe;

✓ il *solstizio d'inverno* (22 dicembre) segna l'inizio dell'inverno nell'emisfero boreale e l'estate in quello australe. In tale periodo la durata del dì raggiunge il valore massimo nell'emisfero australe e il valore minimo in quello boreale.

Figura 2.4 – Susseguirsi delle stagioni

Come è facile intuire dalla fig. 2.4 la massima distanza Terra-Sole si ha durante i solstizi mentre, la minima durante gli equinozi.

2.1.4 Cenni sul magnetismo terrestre

In sintesi, il *magnetismo* è la proprietà, naturale o indotta, che hanno alcuni materiali ferrosi (*magneti*) di attrarre materiali simili (fig.2.5). Tale concetto sarà applicato al rilevamento, mediante bussola magnetica, dei punti cardinali, essenziali per il corretto posizionamento della superficie captante.

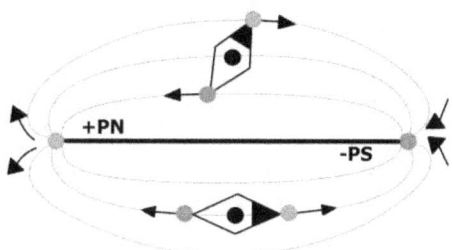

Figura 2.5 – Rappresentazione schematica di un campo magnetico

La Terra è assimilabile a un grande magnete avente i poli prossimi a quelli geografici e le linee di forza congiungenti i poli magnetici come mostrato in fig. 2.6

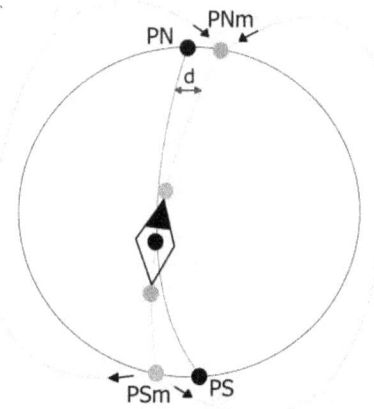

Figura 2.6 – Rappresentazione schematica del campo magnetico terrestre

Le linee di forza congiungenti i poli magnetici si possono immaginare come infinite linee magnetiche.

Per un punto individuato sulla superficie terrestre passeranno quindi:

    ✓   una linea che congiunge i poli geografici, che indica la direzione del *Nord geografico* o *vero* (N_v) e che prende il nome di *meridiano geografico*;

    ✓   una linea magnetica, che indica la direzione del *Nord magnetico* (N_m) che prende il nome di *meridiano magnetico*.

L'angolo formato tra la direzione del N_v con la direzione del N_m si chiama declinazione magnetica *d* e varia in funzione del punto di rilevamento e del tempo (fig. 2.7).

La declinazione si indica negativa quando il N_m è ad Ovest rispetto al N_v e positiva quando il N_m è ad Est rispetto al N_v.

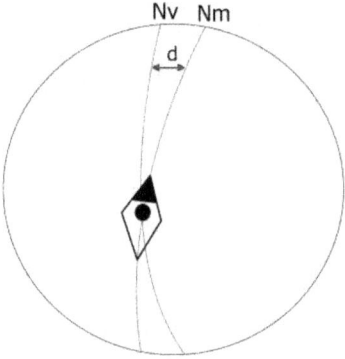

Figura 2.7 – Rappresentazione schematica della declinazione magnetica
d

Il valore della declinazione magnetica è riportato sul margine destro delle carte topografiche dell' Istituto Geografico Militare (IGM) o in qualsiasi carta nautica, insieme alla data in cui è stata rilevata.

Non calcolando eventuali deviazioni magnetiche θ dovute a eventuali masse ferrose e/o apparecchiature elettroniche ubicate nelle immediate vicinanze dello strumento, il valore letto dalla bussola N_b (Nord bussola) è uguale al valore del N_m (Nord magnetico).

$$N_b = N_m$$

per $\theta = 0$

Si ipotizzi allora di voler calcolare la declinazione magnetica dell'isola di Filicudi. Mediante una carta nautica relativa alla zona in esame si rileva il valore della declinazione magnetica e il periodo in cui è stata rilevata:

Decl 2° 00' E 1999 (7' E)

Il valore della declinazione magnetica nella zona intorno all'isola di Filicudi è di 2° E, rilevata nel 1999 e aumenta annualmente di 7' E, quindi, nel 2015 il valore della declinazione magnetica vale 3°52' E.
Ciò significa che il valore letto dalla bussola magnetica (N_b) deve essere corretto mediante la seguente relazione:

$$N_v = N_b + (\pm d)$$

Quindi, per posizionare esattamente a Sud una determinata superficie nell'isola di Filicudi occorre rilevare, mediante bussola magnetica, il valore angolare di 183°52'.
Esistono in commercio anche bussole amagnetiche, caratterizzate dalla capacità di mantenere inalterato l'orientamento del proprio asse, quando sottoposto a campo magnetico. Tuttavia tali bussole,

a causa del costo elevato, possono non essere indicate per l'utilizzo in campo.

2.1.5 L'irraggiamento extratmosferico e la costante solare

Una superficie unitaria posta al di fuori dell'atmosfera terrestre e inclinata perpendicolarmente rispetto alla radiazione solare, riceve mediamente una densità di potenza pari al valore della costante solare I_{cs}. In base a recenti misurazioni, I_{cs} vale 1367 W/m^2, corrispondente a un flusso di energia orario di 4,921 MJ/m^2.

In realtà, come già trattato nel par. 2.1.2, la distanza Terra-Sole non è costante nel corso dell'anno ma varia di ±1,7% facendo oscillare di conseguenza il valore della costante solare I_{cs} di ±3,3% (fig. 2.8).

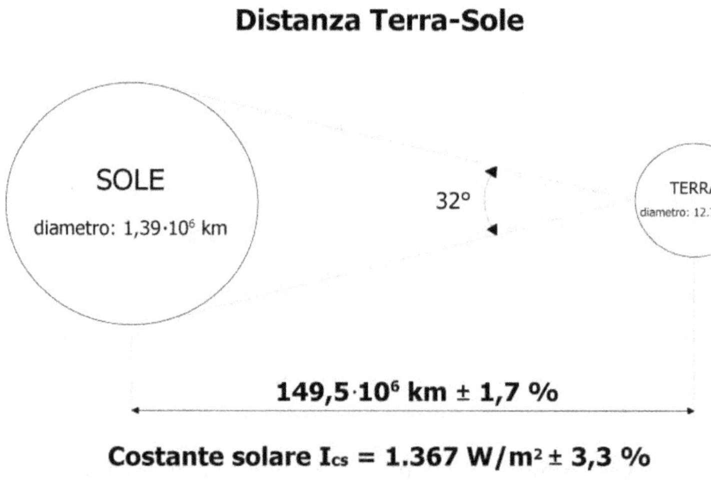

Distanza Terra-Sole

SOLE
diametro: 1,39·10^6 km

32°

TERRA
diametro: 12.700 km

149,5·10^6 km ± 1,7 %

Costante solare I_{cs} = 1.367 W/m^2 ± 3,3 %

Figura 2.8 – Rappresentazione schematica della distanza Terra-Sole

L'intensità dell'irraggiamento extratmosferico $I_{o(t)}$ per una superficie unitaria e perpendicolare rispetto alla radiazione solare, espressa in W/m^2, viene calcolata come segue, in funzione della costante solare I_{cs}:

$$I_{o(t)} = I_{cs} [1 + 0{,}033 \cos (360 \, n / 365)]$$

in cui n indica il giorno dell'anno considerato (compreso tra 1 e 365).

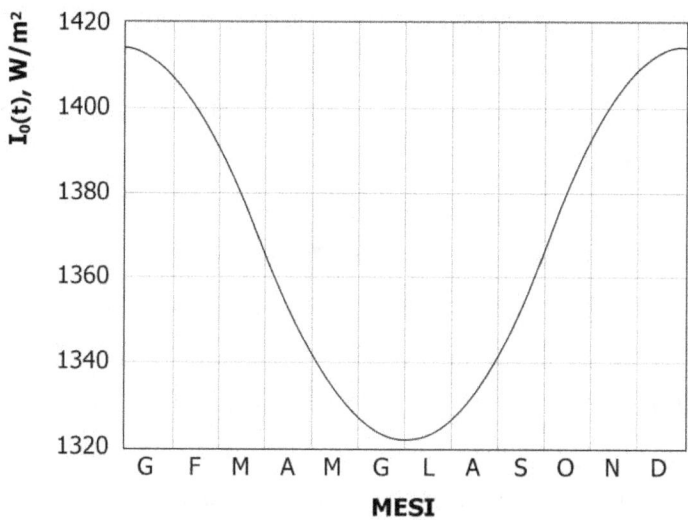

Figura 2.9 – Irraggiamento extratmosferico $I_0(t)$ nel corso dell'anno

Come si intuisce dalla fig. 2.9, $I_{o(t)}$ raggiunge il valore massimo di 1412 W/m² il primo gennaio e quello minimo di 1322 W/m² il primo luglio. Analogamente, tenendo conto del legame tra l'angolo orario ω e il tempo [$dh = (-2\pi/24) \, dt$], l'irraggiamento solare extratmosferico H_{ho} incidente su una superficie orizzontale nell'arco di un giorno, espresso in Wh/m², risulta pari a:

$$H_{ho} = (24 / \pi) \, I_{cs} [1 + 0{,}033 \cos (360 \, n / 365)] (\cos\varphi \cos\delta \, \text{sen} \, \omega_a + \omega_a \, \text{sen}\varphi \, \text{sen}\delta)$$

in cui il valore dell'angolo orario ω_a, nell'ultimo termine, va espresso in radianti.

29

2.1.6 Lo spettro solare

Come già accennato nel par. 2.1.2, il Sole è una stella nana della sequenza principale del diagramma di Hertzsprung e Russell. Lo spettro solare è di tipo G2 (classe di luminosità *V*) ed è suddiviso convenzionalmente in una successione di bande.

La relazione che lega la lunghezza d'onda λ alla frequenza *f* è la seguente:

$$\lambda = c / f$$

in cui *c* è la velocità della luce, pari a $3 \cdot 10^8$ m/s

La suddivisione in bande dello spettro solare è la seguente:

- ✓ **ultravioletto** ($0,1 \; \mu m < \lambda \leq 0,38 \; \mu m$): radiazione con alto potere energetico. Questa tipologia di radiazione rappresenta una piccolissima percentuale dello spettro solare e viene quasi interamente intercettata dall'ossigeno e dall'ozono nella parte più alta dell'atmosfera;
- ✓ **visibile** ($0,38 \; \mu m < \lambda \leq 0,78 \; \mu m$): radiazione visibile all'occhio umano. Questa tipologia di radiazione è formata da tutti i colori familiari, dal violetto al rosso, e rappresenta il 46% del totale della radiazione solare;
- ✓ **infrarosso** ($0,78 \; \mu m < \lambda \leq 1 \; \mu m$): radiazione rilevata in forma di calore e rappresenta il 49% della radiazione emessa.

2.1.7 Il rilevamento degli astri nella volta celeste

Per individuare la posizione di un astro, nel caso in esame del Sole, occorre riferirsi alle coordinate celesti. La volta celeste rappresenta la parte visibile di un'immaginaria sfera celeste che ha per centro il centro della Terra e sulla quale vengono proiettati tutti gli astri (fig. 2.10).

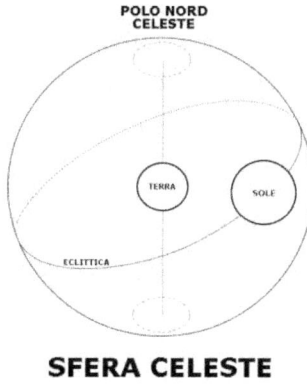

SFERA CELESTE

Figura 2.10
Rappresentazione
schematica della sfera celeste

Il percorso del Sole sulla volta celeste assume la forma di un arco variabile nel corso dell'anno e in funzione del punto d'osservazione. Per determinare la posizione del Sole o di un astro in generale, rispetto ad un punto fisso sulla Terra, occorrono due coordinate particolari: l'altezza dell'astro sull'orizzonte e la relativa direzione rispetto ai punti cardinali (fig. 2.11).

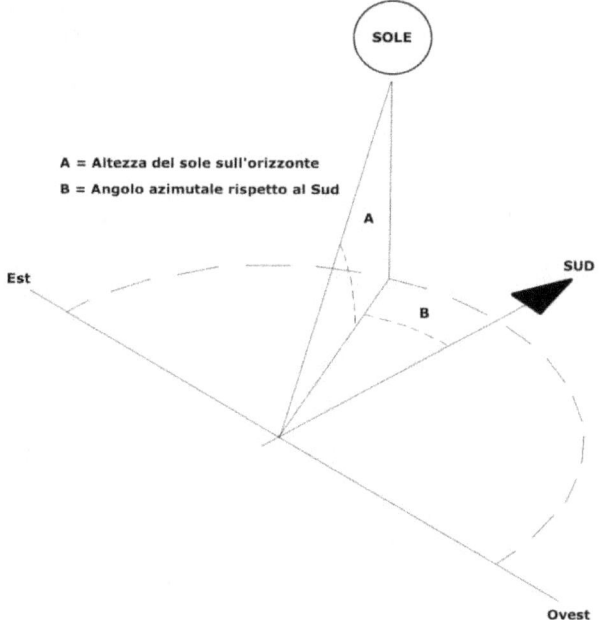

Figura 2.11 – Rappresentazione schematica per determinare la posizione del Sole

31

La prima è l'angolo verticale formato tra la visuale diretta all'astro e quella diretta all'orizzonte; la seconda è l'angolo orizzontale formato tra la visuale diretta all'astro e quella in direzione del Sud, ed è positiva verso Est e negativa verso Ovest.

Per rilevare la posizione di un astro in un determinato istante dell'anno da un punto ben definito della Terra occorre però definire alcuni parametri caratteristici e fondamentali.

Come già trattato in precedenza, la Terra ruota attorno al proprio asse passante per due punti, detti poli geografici Nord e Sud.

Si ipotizzi di costruire un sistema di riferimento terrestre, basato su coordinate sferiche ortogonali che avvolga la Terra in un enorme reticolo passante longitudinalmente per i poli in maniera da ottenere tanti "spicchi di Terra" uguali come mostrato in fig. 2.12.

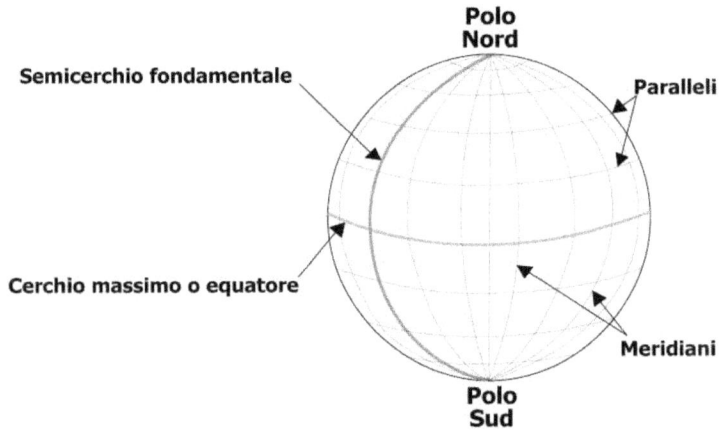

Figura 2.12 – Costruzione del sistema di riferimento terrestre

Si definisce *equatore* il cerchio massimo che divide la Terra in due emisferi: emisfero Nord (boreale) contenente la calotta polare artica ed emisfero Sud (australe) contenente la calotta polare antartica (fig. 2.13).

Il semicerchio che unisce i poli, passante per l'osservatorio di Greenwich, è il *meridiano di Greenwich* (fig. 2.15); l'altra metà di semicerchio è l'*antimeridiano di Greenwich*; il cerchio fondamentale che racchiude il meridiano e l'antimeridiano di Greenwich divide in due emisferi la Terra: *emisfero Est* (orientale) ed *emisfero Ovest* (occidentale).

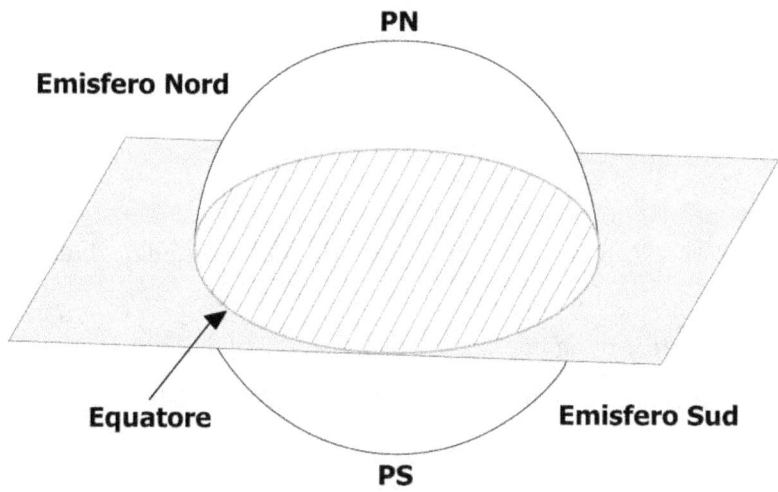

Figura 2.13 – Rappresentazione dell'equatore

L'origine del sistema di riferimento è dato dall'intersezione tra l'equatore e il meridiano di Greenwich.

Gli infiniti cerchi paralleli all'equatore sono chiamati *paralleli* mentre gli infiniti semicerchi passanti dai poli sono chiamati *meridiani* (fig. 2.12).

È possibile adesso definire le due fondamentali coordinate geografiche sferiche.

La **latitudine** φ di un punto è la misura angolare dell'arco di meridiano compreso tra l'equatore e il parallelo passante per il punto; si misura da 0° a +90° verso N e da 0° a -90° verso S, fino ai poli (fig. 2.14).

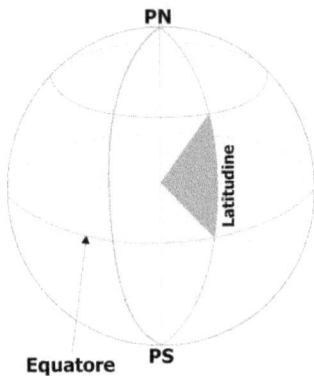

Figura 2.14 – Rappresentazione schematica della latitudine di un punto

La **longitudine** ϕ di un punto è la misura angolare dell'arco di equatore o di parallelo compreso tra il meridiano di Greenwich e il meridiano passante per il punto; si misura da 0° a +180° verso E e da 0° a -180° verso O, fino all'antimeridiano di Greenwich (fig. 2.15).

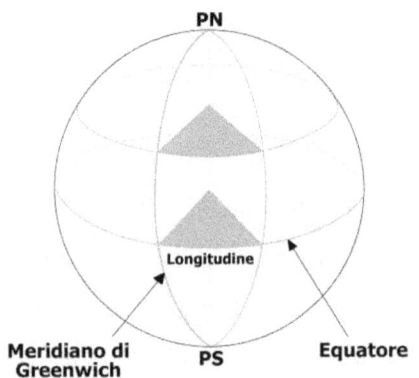

Figura 2.15 - Rappresentazione schematica della longitudine di un punto

34

In tal modo ogni punto della Terra è individuato da una coppia di coordinate φ e ϕ.

L'origine del sistema di riferimento ha coordinate $\varphi = \phi = 000° \ 00' \ 00"$.

Individuato, quindi, il punto di osservazione sulla Terra occorre adesso stabilire il periodo di osservazione; per fare ciò vengono definite due coordinate orarie locali: l'angolo di declinazione solare δ che dipende dal mese e dal giorno in cui si effettua l'osservazione e l'angolo orario ω che dipende dall'ora in cui si effettua l'osservazione.

La *declinazione solare* δ è la distanza sferica dell'astro dall'equatore (fig. 2.16), contata da -23° 27' in inverno a 23° 27 in estate e considerata costante nell'arco della giornata poiché subisce variazioni giornaliere di lieve e trascurabile entità.

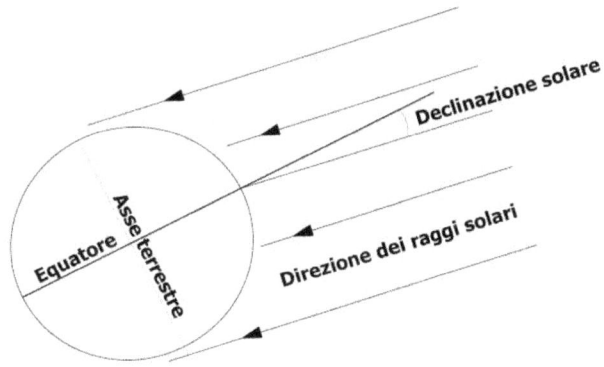

Figura 2.16 – Rappresentazione schematica della declinazione solare

Il valore della declinazione solare δ può essere calcolato mediante la formula di Cooper:

$$\delta = 23,45 \ \text{sen} \ [\ 360 \ (284 + n) \ / \ 365]$$

in cui *n* è uguale al giorno dell'anno considerato (fig. 2.17).

35

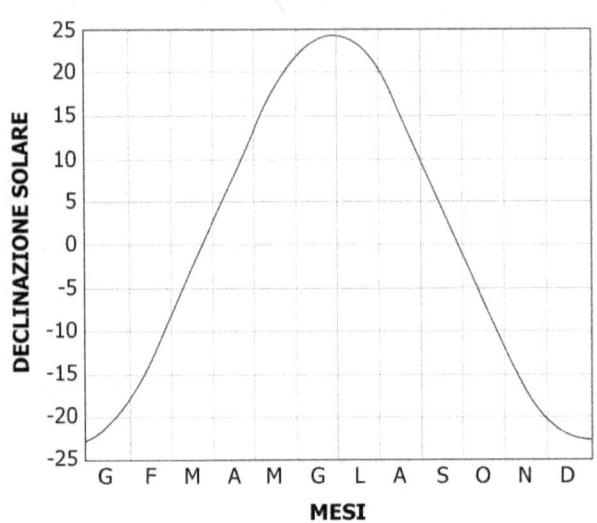

Figura 2.17 – Grafico per la determinazione della declinazione solare

L'*angolo orario* ω è l'angolo sferico formato dal meridiano passante per il Sole con il meridiano passante per l'osservatore; si misura da -180° a 180° e varia di 15° ogni ora (fig. 2.18).

Figura 2.18 – Definizione dell'*angolo orario*

L'angolo orario ω istante per istante può essere calcolato con la relazione:

$$\omega = 15\, h_{sol} - 180°$$

in cui h_{sol} rappresenta l'ora solare (espressa in ore) e può essere calcolata conoscendo l'ora convenzionale e la longitudine del punto di osservazione con la relazione:

$$h_{sol} = h_{conv} + [E_t - 4\,(\phi_{mr} - \phi_{oss})] / 60$$

in cui h_{conv} è l'ora letta dall'orologio, ϕ_{mr} è la longitudine del meridiano di riferimento della località in esame, ϕ_{oss} è la longitudine del punto di osservazione del Sole, E_t è l'equazione del tempo che tiene conto della variabilità durante l'anno, in termini di velocità, del moto di rivoluzione della Terra attorno al Sole. Il valore della correzione E_t può essere calcolato con la relazione:

$$E_t = -10,1\ \text{sen}\{360\,[\,(2n+31)/366)\,]\,\} - 6,9\ \text{sen}[360\,(n/366)]$$

in cui n è il giorno dell'anno considerato (fig. 2.19).

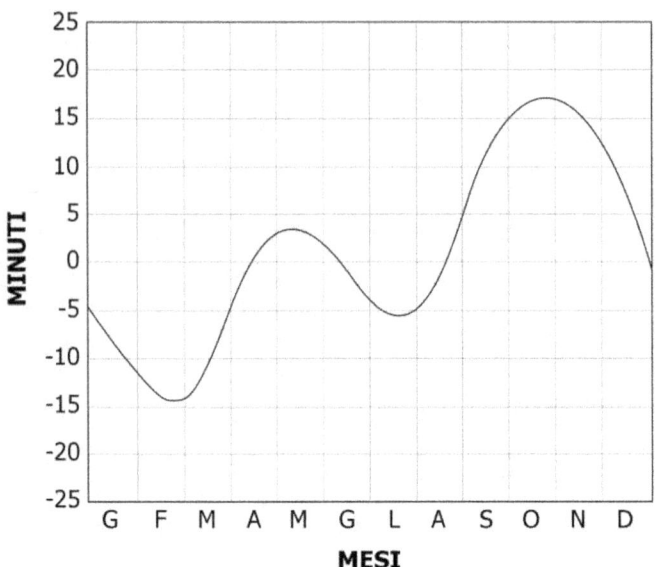

Figura 2.19 – Grafico per la determinazione dell'*equazione del tempo* nel corso dell'anno

L'angolo orario relativo all'alba ω_a o al tramonto ω_t sul piano orizzontale può essere calcolato con la seguente relazione:

$$\omega_a = -\omega_t = arcos\ (-tg\ \varphi\ tg\ \delta)$$

per $-66,5° \leq \varphi \leq 66,5°$

Il valore dell'angolo orario così calcolato è applicabile per latitudini comprese tra $-66,5°$ e $66,5°$ in quanto per certi valori l'argomento della funzione arcoseno può superare (in valore assoluto) l'unità; per i calcoli all'esterno di tale intervallo si rimanda alla Norma UNI 8477-1.

Il rilevamento del Sole sulla volta celeste istante per istante può essere quindi calcolato con le seguenti relazioni:

$$\alpha = \text{arcsen (sen } \delta \text{ sen } \varphi + \cos \delta \cos \omega \cos \varphi)$$

$$\gamma = \text{arcsen } [(\cos \delta \text{ sen } \omega) / \cos \alpha]$$

in cui α è l'altezza solare e γ è l'azimut solare.

Il valore dell'azimut solare α può assumere valori maggiori di 90° (in valore assoluto) mentre la funzione arcoseno oscilla tra -90° e +90°, occorre quindi verificare che sia soddisfatta la seguente condizione:

sen $\alpha \geq$ sen δ/ sen φ per $\varphi \geq 0$

sen $\alpha <$ sen δ / sen φ per $\varphi < 0$

in caso contrario il valore corretto dell'azimut solare α_c risulta pari a:

$$\alpha_c = \text{sgn } (\alpha) \, [\, 180 - | \, \alpha \, | \,]$$

in cui α e *sgn(α)* indicano rispettivamente il valore e il segno dell'azimut solare.

Nota la posizione del Sole a ogni latitudine e in qualsiasi periodo dell'anno, è possibile tracciare un diagramma dei percorsi solari raffigurante il moto del Sole sulla volta celeste.

2.2   Il concetto di Air Mass e l'irraggiamento al suolo

Secondo la legge di Lambert la quantità di radiazione I' che colpisce l'unita di superficie è proporzionale al seno dell'angolo incidente:

$$I' = I \cdot \text{sen}\alpha$$

Una superficie unitaria posta fuori dall'atmosfera terrestre e inclinata perpendicolarmente rispetto alla radiazione solare riceve quindi la massima densità di potenza pari al valore della costante solare I_{cs}.

39

L'intensità dell'irraggiamento extratmosferico $I_{o(t)}$ per una superficie unitaria e perpendicolare rispetto alla radiazione solare, espresso in W/m^2, viene calcolato come segue, in funzione della costante solare I_{cs}:

$$I_{o(t)} = I_{cs} [1 + 0,033 \cos (360\, n\, /\, 365)]$$

In cui n indica il giorno dell'anno considerato (compreso tra 1 e 365).

Al suolo, a causa dell'atmosfera terrestre, parte della radiazione solare incidente sulla Terra viene nuovamente riflessa nello spazio, parte viene assorbita dagli elementi che compongono l'atmosfera e parte viene diffusa nell'atmosfera stessa (*scattering*).

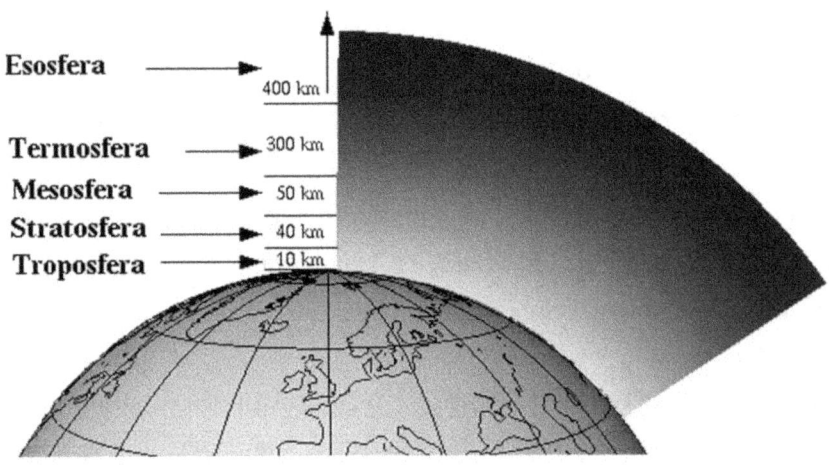

Figura 2.20 – Atmosfera terrestre

La riflessione nello spazio e la diffusione nell'atmosfera delle particelle costituenti la radiazione solare, sono dei processi dovuti all'urto delle onde elettromagnetiche che compongono la radiazione solare con le molecole dell'aria (scattering di Rayleigh), con il vapore acqueo e con il pulviscolo atmosferico (*scattering di Mie*).

40

Il processo di assorbimento della radiazione solare varia sensibilmente in funzione dell'angolo effettivo α della maggiore o minore quantità di atmosfera attraversata (tab. 2.21).

Con lo scopo di tenere conto degli effetti causati dall'atmosfera terrestre, si definito a livello internazionale, il concetto di Air Mass (massa d'aria):

Air Mass 'AM' → Rapporto tra la lunghezza del percorso effettivo dei raggi solari e la lunghezza del loro percorso più breve;

Air Mass One 'AM1' → condizione di AM in condizioni di atmosfera standard, valutato sulla superficie terrestre e misurato al livello del mare;

Air Mass Zero 'AM0' → condizione di AM fuori l'atmosfera.

α	AM	Assorbimento	Scattering di Rayleigh	Scattering di Mie	Incidenza totale
90°	1,00	8,7%	9,4%	0% ÷ 25,6%	17,3% ÷ 38,5%
60°	1,15	9,2%	10,5%	0,7% ÷ 25,6%	19,4% ÷ 42,8%
30°	2,00	11,2%	16,3%	4,1% ÷ 4,9%	28,8% ÷ 59,1%
10°	5,76	16,2%	31,9%	15,4% ÷ 74,3%	51,8% ÷ 85,4%
5°	11,5	19,5%	42,5%	24,6% ÷ 86,5%	65,1% ÷ 93,8%

Tabella 2.21 – Assorbimento e diffusione della radiazione solare al variare dell'angolo α

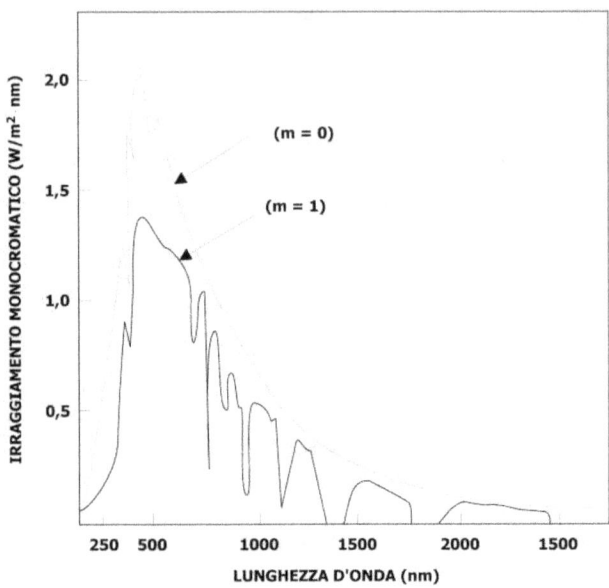

Figura 2.22 – Irraggiamento monocromatico al suolo (m = 1) e all'esterno dell'atmosfera (m = 0)

L'insieme dei processi di attenuazione della radiazione solare incidente sulla Terra, dovuti all'impatto con l'atmosfera, dipendono dalla lunghezza d'onda della radiazione stessa.

L'intensità massima di radiazione solare misurata a livello del mare è sempre inferiore al valore della costante solare e vale circa 1000 W/m^2 in condizioni di giornata serena e sole a mezzogiorno. Tale valore è tuttavia fortemente influenzato dall'andamento aleatorio delle condizioni atmosferiche.

La radiazione solare che irradia la superficie terrestre si distingue in *diretta*, *diffusa* e *riflessa*. La prima raggiunge una determinata superficie con un unico e ben definito angolo di incidenza, la seconda raggiunge la stessa superficie con vari angoli di incidenza e la terza deriva dalla riflessione dell'ambiente circostante.

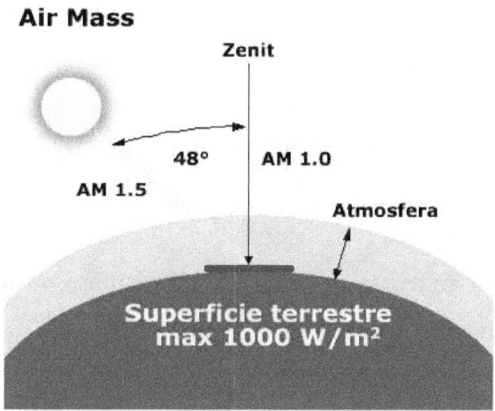

Figura 2.23 – Definizione schematica di *massa d'aria unitaria* (AM1)

2.2.1 L'irraggiamento al suolo in condizioni di giornata serena

Il rapporto tra l'irraggiamento diretto al suolo e l'irraggiamento extratmosferico, entrambi incidenti sulla normale alla superficie, determina il coefficiente di trasmissione della radiazione diretta τ_b, che vale nel caso di giornate serene:

$$\tau_b = \exp[-0,65\ m(z, \alpha)]/2 + \exp[-0,095\ m(z, \alpha)]/2$$

ponendo:
$$m(z, \alpha) = m(0, \alpha)\ p(z) / p(0)$$

in cui *p(z)* è la pressione atmosferica alla quota *z* e *p(0)* è la pressione atmosferica al livello del mare.

La massa d'aria relativa a una altitudine *z* sopra il livello del mare *m(z, α)* identifica il rapporto tra la lunghezza del percorso effettivo e la lunghezza del percorso più breve dei raggi solari.

Al livello del mare, la massa d'aria relativa *m(0, α)* può essere calcolata, mediante le seguenti formule:

43

$$m\,(0,\,\alpha) = 1\,/\,\mathrm{sen}\,\alpha = \mathrm{cosec}\,\alpha$$

$$m(0,\,\alpha) = [1229 + (614\,\mathrm{sen}\,\alpha)2]0{,}5 - 614\,\mathrm{sen}\,\alpha$$

in cui α è l'altezza solare.

La prima formula ammette per $\alpha > 15°$ errori massimi dell'1% (formula approssimata) mentre la seconda ha una precisione maggiore perché tiene conto della curvatura della Terra e dell'atmosfera terrestre (formula esatta).

A questo punto è possibile calcolare il valore dell'irraggiamento diretto, incidente sulla normale alla superficie, nel caso di giornate serene:

$$I_{bn} = I_o \tau_b$$

Il valore dell'irraggiamento diffuso al suolo sul piano orizzontale è dato dalla relazione elaborata da Liu e Jordan:

$$\tau_d = 0{,}2710 - 0{,}2939\,\tau_b$$

$$I_{do} = (I_o\,\mathrm{sen}\alpha)\,\tau_d$$

Tuttavia, data l'imprevedibilità delle condizioni meteorologiche, risulta difficile applicare, in linea generale, le formule sopra descritte che restano circoscritte per scopi didattici e/o casi particolari.

2.2.2 Inclinazione della superficie captante

Il posizionamento al suolo della superficie captante dipende da due angoli particolari, in funzione dei quali varia il diagramma di produzione dell'impianto fotovoltaico (fig. 2.24).

L'inclinazione tra la superficie captante e il piano orizzontale prende il nome di *angolo di tilt* (o tiltaggio) ed è indicata con β mentre l'inclinazione sul piano orizzontale tra la normale alla superficie e la direzione del sud geografico prende il nome di *azimut* (o azimuth) ed è indicata con la lettera γ.

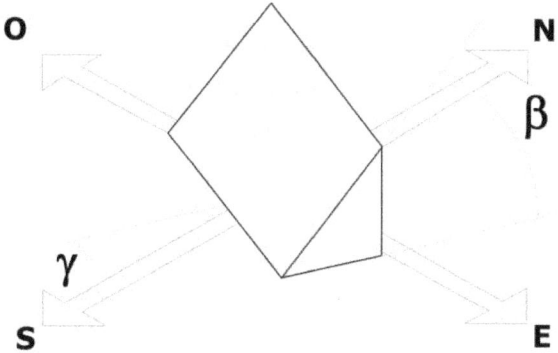

Figura 2.24 – Angoli fondamentali per il posizionamento della superficie captante

L'angolo di tilt può assumere, di norma, valori compresi tra $0° \leq \beta \leq 180°$ mentre per l'angolo azimutale $0° \leq \gamma \leq +180°$ per rotazioni verso ovest e $0° \leq \gamma \leq -180°$ per rotazioni verso est.

La scelta dell'esposizione ottimale della superficie captante deriva, nel caso di impianti fotovoltaici connessi in rete, dalla necessità di ricavare dal sistema la massima producibilità su base annua.

Fuori dall'atmosfera, basterebbe orientare la superficie captante perpendicolarmente ai raggi solari per ricavare la massima producibilità; sulla superficie terrestre purtroppo, a causa dei moti della Terra, l'inclinazione dei raggi solari varia in funzione del tempo e occorre raggiungere un compromesso che garantisca, per ciascuna località, la massima producibilità su base annua.

In maniera approssimata si può porre $\gamma = 0°$ (superficie esposta a sud) e $\beta = \varphi$ (superficie inclinata di un angolo pari alla latitudine del sito), per il calcolo dell'esposizione ottimale occorre invece estrapolare, mediante un diagramma di producibilità su base annua, a differenti esposizioni, i valori di γ e β che consentono la maggiore producibilità.

2.2.3 Radiazione diretta incidente su una superficie inclinata

Come già accennato in precedenza, la radiazione che raggiunge una determinata superficie con un unico e ben definito angolo di incidenza, formato tra i raggi solari e la normale alla superficie è definita radiazione diretta (fig. 2.25).

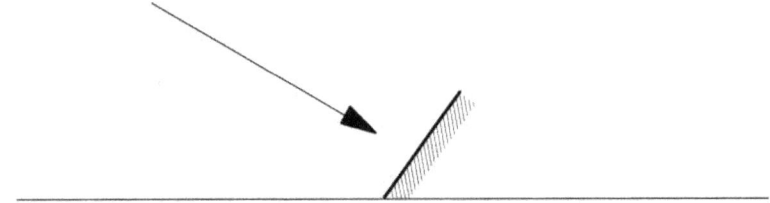

Figura 2.25 – Radiazione diretta che viene raccolta da un pannello inclinato rispetto all'orizzontale

La radiazione diretta incidente su una superficie inclinata secondo gli angoli γ e β, posizionata in una determinata località alla quale corrisponde una latitudine φ e misurata in particolari istanti caratterizzati dai parametri δ e ω è pari a:

$$G_b = I_{bo} \, R_b$$

in cui I_{bo} è la radiazione diretta incidente sul piano orizzontale e R_b è il fattore di inclinazione della radiazione diretta e vale:

$$R_b = \cos\upsilon \,/\, \text{sen}\alpha$$

L'angolo di incidenza υ, formato tra i raggi solari e la normale alla superficie è uguale a:

$$\cos\upsilon = \text{sen}\delta\,(\text{sen}\varphi\cos\beta - \cos\varphi\,\text{sen}\beta\cos\gamma) + \cos\delta\cos\omega\,(\cos\varphi\,\cos\beta +$$
$$\text{sen}\varphi\,\text{sen}\beta\cos\gamma) +$$
$$+ \cos\delta\,\text{sen}\beta\,\text{sen}\gamma\,\text{sen}\omega$$

2.2.4 Radiazione diffusa incidente su una superficie inclinata

A causa dell'urto con l'atmosfera, parte della radiazione solare viene diffusa in maniera pressoché omogenea e trasmessa con diversi angoli di incidenza alla superficie terrestre (fig. 2.26).

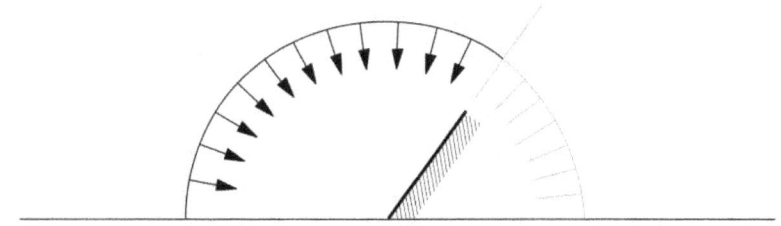

Figura 2.26 – Frazione di radiazione diffusa che viene raccolta da un pannello inclinato rispetto all'orizzontale

Analogamente a quanto esposto per la componente diretta, la radiazione diffusa incidente su una superficie inclinata è pari a:

$$G_d = I_{do}\,R_d$$

in cui I_{do} è la radiazione diffusa incidente sul piano orizzontale e R_d è il fattore di inclinazione della radiazione diffusa e vale:

$$R_d = (1 + \cos\beta) / 2$$

È semplice intuire che il valore massimo di radiazione diffusa si ha per β = $0°$ a cui corrisponde $G_d = I_{do}$ mentre per $\beta = 90°$ si ha $R_d = I_{do}/2$.

2.2.5 Radiazione riflessa incidente su una superficie inclinata

Una superficie inclinata è investita, seppur in minima parte, dalla radiazione solare proveniente dalla riflessione dell'ambiente circostante (fig. 2.27).

Figura 2.27 – Frazione di radiazione riflessa che viene raccolta da un pannello inclinato rispetto all'orizzontale

La quantità di radiazione solare riflessa verso l'esterno da una superficie viene misurata attraverso il coefficiente di albedo. L'albedo varia in funzione del tipo di materiale e può essere rappresentato secondo la tab. 2.28. La radiazione riflessa incidente su una superficie inclinata è pari a:

$$G_r = (I_{bo} + I_{do}) R_r$$

in cui R_r è il fattore di inclinazione della radiazione riflessa e vale:

$$R_r = \rho \, [(1 - \cos\beta) \, / \, 2]$$

in cui ρ è il coefficiente di riflessione o fattore di albedo del terreno (Norma UNI 8477-1).

TIPO DI SUPERFICIE (Norma UNI 8477-1)	ρ
Neve	0,75
Superfici acquose	0,07
Suolo (creta, marne)	0,14
Strade sterrate	0,04
Bosco di conifere d'inverno	0,07
Bosco in autunno/campi con raccolti maturi e piante	0,26
Asfalto invecchiato	0,10
Calcestruzzo invecchiato	0,22
Foglie morte	0,30
Erba secca	0,20
Erba verde	0,26
Tetti o terrazzi in bitume	0,13
Pietrisco	0,20
Superfici scure di edifici (mattoni scuri, vernici scure)	0,27
Superfici chiare di edifici (mattoni chiari, vernici chiare)	0,60

Tabella 2.28 - Coefficiente di riflessione o fattore di albedo del terreno (Norma UNI 8477-1).

La radiazione riflessa si annulla per $\beta = 0°$ (superficie captante parallela al piano orizzontale) mentre raggiunge il valore massimo per $\beta = 90°$ (superficie captante perpendicolare al piano orizzontale) a cui corrisponde:

$$G_r = (I_{bo} + I_{do}) \, \rho \, /2$$

2.2.6 Radiazione globale incidente su una superficie inclinata

La radiazione globale G incidente su una superficie inclinata è data dalla somma delle tre componenti, identificate ai paragrafi precedenti:

$$G = G_b + G_d + G_r$$

Il valore percentuale delle singole componenti che costituiscono la radiazione globale G, dipende dalle condizioni meteorologiche e ambientali della località presa in esame: in una giornata serena la quantità percentuale della radiazione diretta è di gran lunga maggiore rispetto alle altre mentre, in una giornata nuvolosa, la radiazione intercettata da una superficie inclinata è piuttosto diffusa.

Nella norma UNI 10349 sono indicati i dati storici di radiazione solare di tutti i capoluoghi di provincia, distinti in radiazione diretta sul piano orizzontale I_{bo} e radiazione diffusa sul piano orizzontale I_{do}.

Nelle tabelle elaborate dall'ENEA invece, sono disponibili i dati storici di radiazione solare per ciascuna località ed espressi in radiazione globale sul piano orizzontale (o su inclinazioni standard).

È possibile in questo caso risalire, mediante gli studi effettuati da Liu e Jordan, ai valori di radiazione diretta e diffusa sul piano orizzontale.

2.2.7 Scomposizione della radiazione solare

Molto spesso in letteratura si trova il valore globale della radiazione solare incidente su una superficie orizzontale per una determinata località. Ai fini progettuali è opportuno conoscere separatamente le componenti diretta e diffusa della radiazione solare al fine di verificarne l'andamento in funzione dell'inclinazione della superficie captante.

Il metodo attualmente adoperato per effettuare la scomposizione della radiazione solare incidente sul piano orizzontale, nelle relative componenti diretta e diffusa, è basato sugli studi effettuati da Liu e Jordan.

Conoscendo il rapporto tra la radiazione globale incidente su una superficie orizzontale posta al suolo G e quella che verrebbe raccolta se la stessa superficie fosse posta fuori dall'atmosfera terrestre H_{ho}, è possibile identificare un indice di serenità K_t che vale:

$$K_t = G \, / \, H_{ho}$$

La componente diretta incidente sul piano orizzontale vale:

$$G_{do} = G \ (0,881 - 0,972 \ K_t)$$

La componente diffusa incidente sul piano orizzontale vale:

$$G_{bo} = G - G_{do}$$

La semplicità del metodo proposto da Liu e Jordan ne ha favorito la diffusione, tuttavia i risultati ottenuti forniscono una stima per difetto dell'intensità di radiazione diffusa.

CAPITOLO 3

FISICA DELLA CONVERSIONE FOTOVOLTAICA

3.1   La costante di Planck e l'energia del fotone

Nel 1900 Max Planck (Kiel, 1858 - Gottinga, 1947), considerato il fondatore della meccanica quantistica, ipotizzò che gli scambi di energia tra gli atomi di un corpo qualsiasi e la radiazione elettromagnetica non avvengono in modo continuo, ma attraverso "pacchetti discreti" chiamati *quanti*. Secondo Planck, un'onda elettromagnetica può scambiare con la materia con cui interagisce solamente multipli interi di una quantità finita di energia, proporzionale alla frequenza dell'onda:

$$\Delta E = n\,h\,\nu$$

in cui ΔE è l'energia scambiata, n è un numero intero, ν è la frequenza dell'onda, h è la costante di Planck che vale $6,6261 \cdot 10^{-34}$ Js.

Nel 1905 Albert Einstein riprese l'ipotesi di Planck ribaltando radicalmente l'interpretazione della luce che si era affermata fino a quel periodo. Einstein spiegò che gli scambi di energia tra la radiazione e la materia avvengono in modo quantistico e che la radiazione stessa è composta da quanti di energia, i fotoni*, particelle elementari portatrici di una quantità finita e indivisibile di energia elettromagnetica proporzionale alla frequenza. Si ha così che l'energia di un fotone di frequenza ν vale:

$$E = h\,\nu$$

---

* Il termine fotone fu introdotto dal chimico americano Gilbert Lewis nel 1926.

L'attività di ricerca di Planck fu premiata con vari riconoscimenti, tra i quali il premio Nobel per la fisica che gli fu assegnato nel 1918. Massima onorificenza che fu assegnata tre anni più tardi ad Einstein per i servigi alla fisica teorica e, in particolare, per la scoperta della legge dell'effetto fotoelettrico (e non per la teoria della relatività, come si potrebbe credere).

3.2   La fisica dell'effetto fotovoltaico

Per comprendere il processo di conversione della radiazione solare in energia elettrica è necessario fare riferimento ad alcune nozioni di fisica: la struttura a bande di energia, l'effetto fotoelettrico, la generazione di coppie elettrone-lacuna, il processo di drogaggio dei semiconduttori, la giunzione p-n.

3.2.1   Struttura a bande di energia

Per definizione la banda di energia (fig. 3.1) è l'insieme dei livelli energetici posseduti dagli elettroni ed è composta da:

- una banda di valenza, costituita dall'insieme degli elettroni che hanno un livello energetico basso, tale da restare nei pressi dell'atomo di appartenenza;
- una banda di conduzione, costituita dall'insieme degli elettroni che hanno un livello energetico abbastanza alto, tale da lasciare l'atomo di appartenenza, dando origine a una conduzione di tipo elettrico;
- una banda proibita, costituita dall'insieme dei livelli energetici non consentiti, tra la banda di valenza e la banda di conduzione. L'*energy-gap* (salto energetico) è la quantità di energia necessaria all'elettrone per passare dalla banda di valenza alla banda di conduzione.

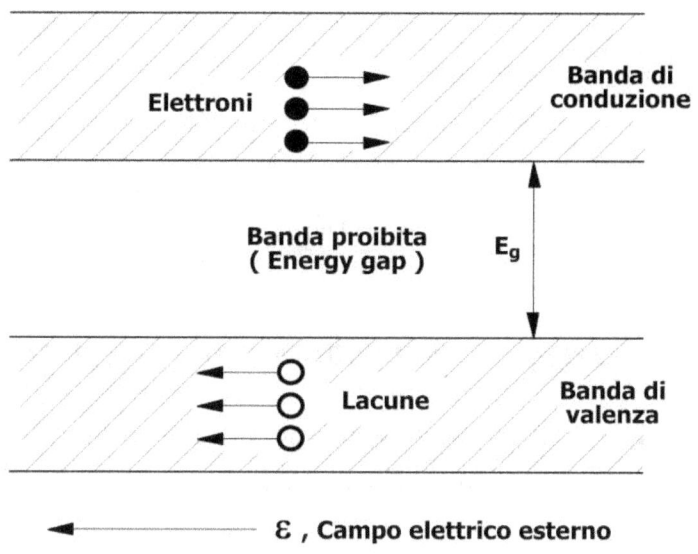

Figura 3.1 – Rappresentazione schematica della struttura a bande di energia

Come è facile intuire dalla fig. 3.2, negli isolanti la banda proibita è molto grande e di conseguenza l'*energy-gap* è elevato. In tale condizione solo pochi elettroni hanno l'energia necessaria per passare nella banda di conduzione, quindi l'isolante non conduce.

Nei materiali conduttori, le due bande (la banda di valenza e la banda di conduzione) sono sovrapposte, eliminando di fatto la banda proibita; grazie a tale condizione la maggior parte degli elettroni possiede già l'energia necessaria per passare nella banda di conduzione e dare origine a un flusso elettrico.

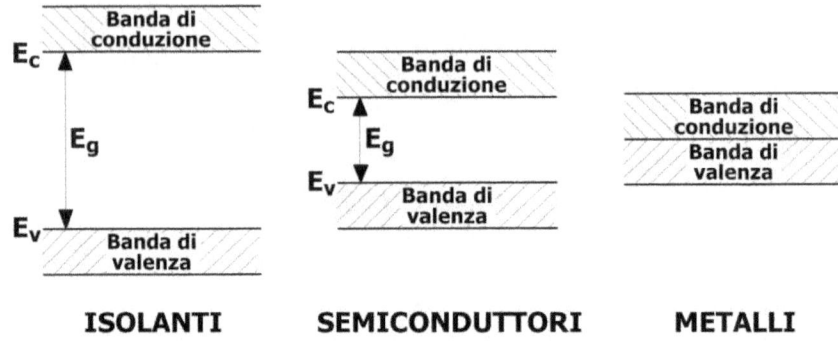

ISOLANTI   SEMICONDUTTORI   METALLI

Figura 3.2 – Rappresentazione schematica della struttura a bande di energia in diversi materiali

Nei materiali semiconduttori la banda proibita è molto piccola e di conseguenza l'*energy-gap* è limitato, sarà quindi sufficiente un fotone di energia $h \, v \geq E_g$ (E_g = *energy-gap*) per "sbalzare" un elettrone dalla banda di valenza alla banda di conduzione. Tale fenomeno prende il nome di *effetto fotoelettrico*.

semiconduttore	energy gap
Silicio (Si)	1,14 eV
Germanio (Ge)	0,67 eV
Arseniuro di Gallio (GaAs)	1,4 eV
Fosfuro di Indio (InP)	1,25 eV
Fosfuro di Gallio (GaP)	2,25 eV
Tellurio di Cadmio (CdTe)	1,45 eV
Solfuro di Cadmio (CdS)	2,4 eV

Tabella 3.3 – *energy gap* in diversi semiconduttori

3.2.2   L'effetto fotoelettrico

L'effetto fotoelettrico è dovuto all'emissione di un elettrone da una superficie, solitamente metallica, quando questa viene colpita da un fotone avente una frequenza superiore a un certo valore di soglia che dipende dal tipo di metallo. Un elettrone quindi, sarà in grado di passare dalla banda di valenza a quella di conduzione se l'energia del fotone che lo "investe" è almeno uguale al valore di E_g.

Essendo

$$E_{fotone} = h\,\nu$$

deve essere

$$h\,\nu \geq E_g$$

da cui

$$\nu \geq E_g/h$$

Esiste dunque una frequenza minima $\nu_0 = E_g/h$ a cui corrisponde una lunghezza d'onda al di sopra della quale non si ha l'effetto fotoelettrico. Per frequenze tali che $E_{fotone} > E_g$ si avranno elettroni liberi con energia cinetica $E_c = E_{fotone} - E_g$.

L'energia cinetica degli elettroni liberati è funzione della frequenza della radiazione incidente secondo la relazione:

$E_c = 0$ *per* $E_{fotone} < E_g$ (non vi sono fotoelettroni emessi)

$E_c = 0$ *per* $E_{fotone} = E_g$ (i fotoelettroni emessi hanno energia residua nulla)

$E_c = E_{fotone} - E_g$ *per* $E_{fotone} > E_g$ (i fotoelettroni emessi hanno energia cinetica che cresce in maniera direttamente proporzionale alla frequenza, come mostrato in fig. 3.4)

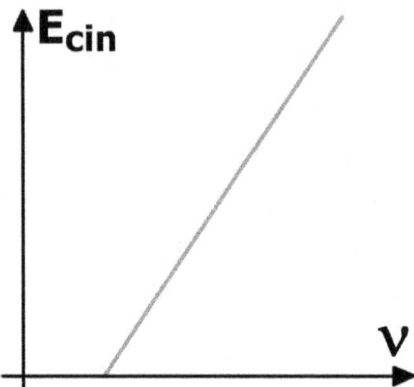

Figura 3.4 - Grafico dell'energia cinetica dei fotoni in funzione della frequenza della radiazione incidente

Tale fenomeno non si verifica soltanto nei metalli, ma in qualsiasi sistema elementare (atomo, molecola o cristallo investito da radiazione elettromagnetica).

Si ipotizzi dunque di voler esaminare il comportamento fisico di una lastrina di potassio (E=2,0 eV) sottoposta a una radiazione di lunghezza d'onda λ = 550 nm.

(*eV* significa elettronvolt, $1\ eV = 1.602 \cdot 10^{-19}$ J)

Quindi si ha:

$$E = h\, v$$

Ricordando che la frequenza è legata alla lunghezza d'onda λ dalla relazione $v = c\, /\lambda$, si ha che l'energia del singolo fotone incidente è:

$$E = hc\, /\lambda = 1240\ eV\ nm\ /\ 550\ nm = 2{,}25\ eV$$

L'energia del fotone è superiore al lavoro di estrazione (*energy-gap*) del potassio e pertanto con radiazione di questa lunghezza d'onda si osserverà l'emissione di elettroni per effetto fotoelettrico.

Conoscendo il lavoro di estrazione si può anche ricavare il valore della frequenza di soglia:

$$\nu_0 = Eg / h = 2,0 \text{ eV} / 4,14 \cdot 10^{15} \text{ eV s}^{-1} = 4,83 \cdot 10^{15} \text{ s}^{-1}$$

e la corrispondente lunghezza d'onda di soglia:

$$\lambda_0 = c / \nu_0 = 3 \cdot 10^8 \text{ ms}^{-1} / 4,83 \cdot 10^{15} \text{ s}^{-1} = 621 \text{ nm}$$

Si può quindi concludere che per il potassio si ha emissione di fotoelettroni se la radiazione ha frequenza superiore a $4,83 \cdot 10^{15}$ Hz e quindi una lunghezza d'onda inferiore a 621 nm (fig. 3.5).

Con una radiazione incidente di lunghezza d'onda uguale a 550 nm, gli elettroni verranno emessi con un'energia cinetica pari a:

$$E_c = E_{fotone} - E_g = 2,25 \text{ eV} - 2,0 \text{ eV} = 0,25 \text{ eV}$$

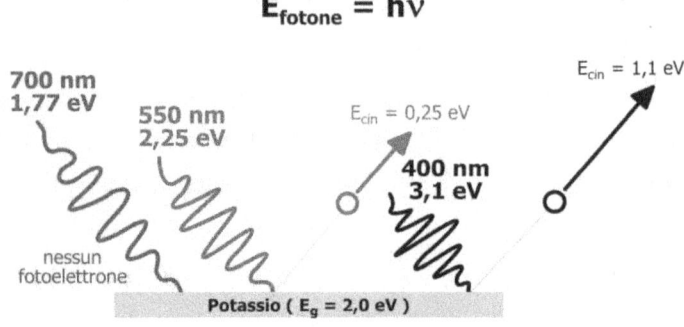

Effetto fotoelettrico

Figura 3.5 – Rappresentazione schematica dell'effetto fotoelettrico

I fotoni dotati di energia sufficiente sono in grado di innescare il processo fotoelettrico mentre tutti gli altri, a causa dell'agitazione molecolare, contribuiscono in maniera negativa a innalzare la temperatura del materiale. Dalla fig. 3.6 è possibile notare che la quantità di energia utile, contenuta nello spettro solare, per avviare il fenomeno fotoelettrico è molto limitata.

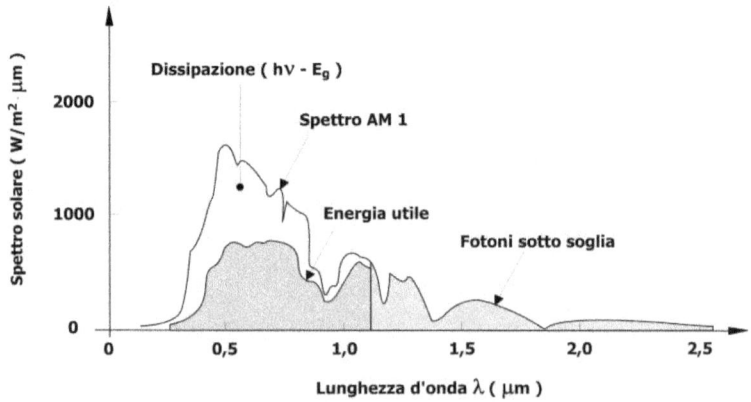

Figura 3.6 – Spettro solare

3.2.3 Coppie elettrone-lacuna

Prendendo in esame la struttura atomica del silicio cristallino si evince che ogni atomo possiede 14 elettroni, quattro dei quali, i più esterni, sono condivisi con altrettanti atomi di silicio legati insieme mediante legami covalenti.

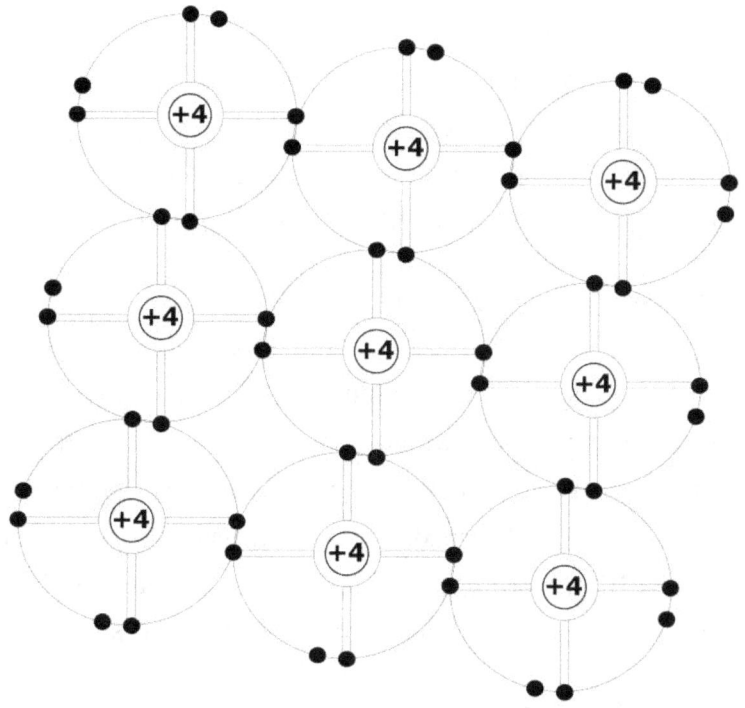

Figura 3.7 – Rappresentazione schematica della struttura cristallina del silicio

Come introdotto in precedenza, tali legami possono essere spezzati mediante l'apporto di una quantità di energia sufficiente a far passare gli elettroni di valenza a un livello energetico superiore, cioè alla banda di conduzione. Un fotone incidente con energia almeno pari al valore di *energy-gap* (*energy-gap* del silicio $\cong$ 1,1 eV) è in grado di far "saltare" un elettrone. L'elettrone, passando dalla banda di valenza alla banda di conduzione, si lascia dietro una buca, cioè una lacuna che verrà tempestivamente colmata da un altro elettrone di un atomo vicino generando così delle coppie elettrone-lacuna. La generazione delle coppie elettrone-lacuna avviene in maniera casuale e disordinata.

Per generare un flusso ordinato di cariche e quindi una corrente elettrica, occorre creare all'interno del semiconduttore, un campo elettrico, ottenuto mediante alcuni accorgimenti:

- immissione di impurità controllate all'interno della struttura cristallina (*processo di drogaggio*);
- giunzione di due regioni di uno stesso semiconduttore, di cui una drogata di tipo *p* e l'altra di tipo *n* (*giunzione p-n*).

3.2.4 Processo di drogaggio dei semiconduttori

Il processo di drogaggio consiste nell'immissione controllata, all'interno della struttura di un semiconduttore intrinseco, di sostanze (impurità) in grado di modificare la concentrazione delle cariche mobili. I semiconduttori appartenenti al IV gruppo del sistema periodico degli elementi, come il *Ge* e il *Si*, vengono drogati mediante sostanze trivalenti (appartenenti al III gruppo) denominate *accettrici*, oppure con sostanze pentavalenti (appartenenti al V gruppo) denominate *donatrici*.

Impurità donatrici (donori)

Introducendo delle dosi controllate di fosforo (P) nella struttura cristallina del silicio si ottiene un elettrone libero per ogni atomo di fosforo immesso (fig. 3.8). Il fosforo ha 5 elettroni nell'orbita di valenza, di cui quattro si legano con altrettanti atomi di silicio vicini e uno resta debolmente legato all'atomo di fosforo. L'elettrone debolmente legato quindi, è in grado di muoversi liberamente all'interno del reticolo cristallino e pertanto è disponibile alla conduzione. In un processo di drogaggio con sostanze pentavalenti, quali il fosforo, le cariche negative (elettroni) sono in quantità superiore rispetto alle cariche positive (lacune). Le cariche maggioritarie quindi sono rappresentate dagli elettroni mentre le cariche minoritarie dalle lacune. Il semiconduttore così drogato prende il nome di *semiconduttore di tipo n*

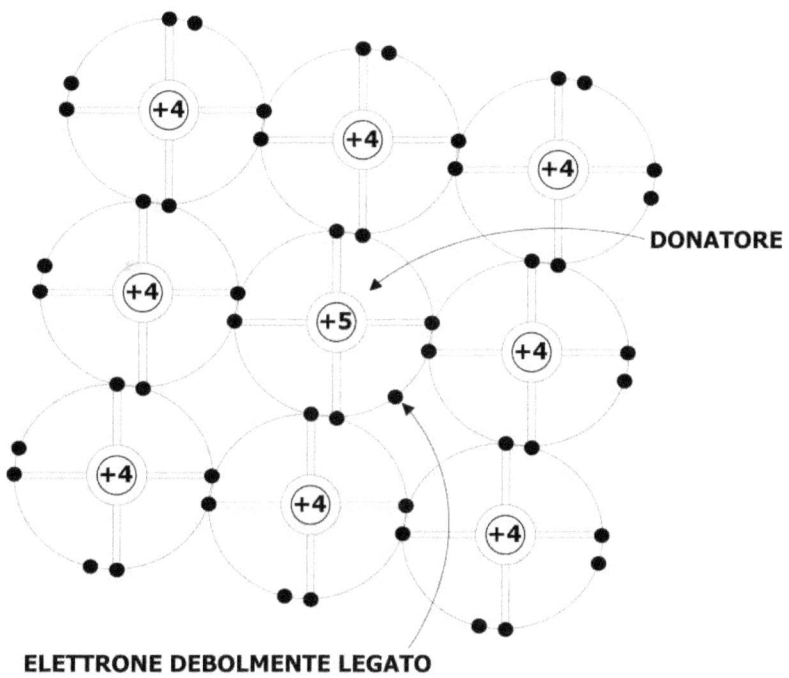

Figura 3.8 – Rappresentazione schematica del processo di drogaggio del silicio con atomi di fosforo

Impurità accettrici (accettori)

Introducendo delle dosi controllate di Boro (B) nella struttura cristallina del silicio si ottiene una lacuna per ogni atomo di Boro immesso (fig. 3.9). Il Boro ha 3 elettroni nell'orbita di valenza, che si legano con altrettanti atomi di silicio vicini lasciando una lacuna mobile. La lacuna mobile è in grado di muoversi liberamente all'interno del reticolo cristallino e pertanto è disponibile alla conduzione. In un processo di drogaggio con sostanze trivalenti, quali il Boro, le cariche positive (lacune) sono in quantità superiore rispetto alle cariche negative (elettroni). Le cariche maggioritarie questa volta sono rappresentate dalle lacune mentre le cariche minoritarie dagli elettroni. Il semiconduttore così drogato prende il nome di *semiconduttore di tipo p*.

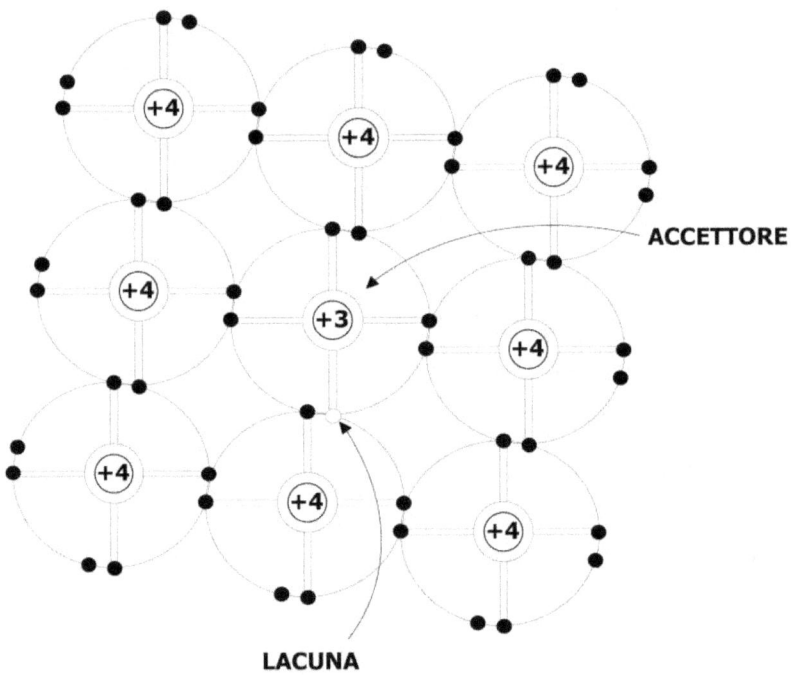

Figura 3.9 – Rappresentazione schematica del processo di drogaggio del silicio con atomi di boro

3.2.5 Giunzione p-n

Per generare un campo elettrico e quindi una corrente elettrica ordinata, occorre l'intimo contatto di due strati di silicio *p* e *n* (*giunzione p-n*). Una giunzione p-n è costituita da due regioni di uno stesso semiconduttore, di cui una drogata di tipo *p* e l'altra di tipo *n* (fig. 3.10). L'interazione tra

64

l'effetto fotoelettrico e l'effetto volta (presenza del campo elettrico) dà
origine all'effetto fotovoltaico.

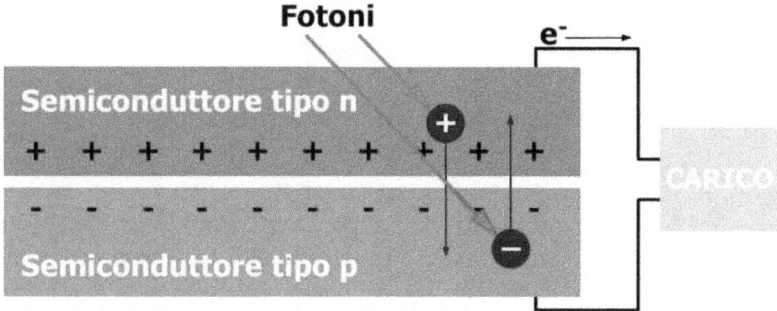

Figura 3.10 – Rappresentazione schematica di una giunzione p-n

GLOSSARIO

TERMINOLOGIA TECNICA

Afelio – Punto di massima distanza dal Sole nell'orbita di un pianeta.

Albedo – Rifrazione della luce solare prodotta dall'ambiente circostante.

Ampère (A) – Unità di misura dell'intensità della corrente elettrica; equivale a un flusso di carica in un conduttore pari a un Coulomb per secondo.

Angolo di azimut – Angolo orizzontale formato tra la visuale diretta al Sole e quella in direzione del Sud, ed è positivo verso Est e negativo verso Ovest.

Angolo di declinazione solare – Posizione angolare del Sole rispetto all'equatore.

Angolo di elevazione – Angolo verticale formato tra la visuale diretta al Sole e quella diretta all'orizzonte.

Angolo di tilt – Angolo formato da una superficie inclinata e il piano orizzontale di riferimento (0° quando la superficie è orizzontale, 90° quando è perpendicolare al suolo).

Angstrom – Unità di misura di distanze microscopiche, come la lunghezza d'onda della radiazione. 1 Angstrom corrisponde a 10-10 m, cioè a un decimillesimo di micron.

Anidride carbonica (CO_2) – È un gas incolore e inodore che si presenta naturalmente nell'atmosfera terrestre. Quantità significative di questo gas sono immesse nell'atmosfera a causa dei processi di combustione e all'abbattimento delle foreste. È uno dei principali gas di serra responsabili del riscaldamento globale terrestre. La concentrazione di CO_2 in atmosfera è in aumento di circa lo 0,27% annuo.

Anidride solforosa (SO_2) – È un gas incolore, dal forte odore, che si forma dalla combustione dei combustibili fossili. Le centrali elettriche

che usano carbone o petrolio con elevato tenore di zolfo, possono essere sorgenti importanti di SO_2. La SO_2 ed altri ossidi dello zolfo contribuiscono al problema delle piogge acide. La SO_2 è una sostanza fortemente inquinante.

Anno luce – Distanza percorsa dalla luce in un anno, pari a 9.460 miliardi di Km.

Apogeo – Punto di massima distanza dalla Terra nell'orbita della Luna o di un satellite artificiale.

Array – Vedi campo fotovoltaico.

Aurora polare – Luminescenza nella ionosfera di un pianeta, causata dall'interazione tra il campo magnetico del pianeta e il flusso di particelle ionizzate proveniente dal Sole.

Autorità per l'Energia Elettrica e il Gas (AEEG) – Autorità indipendente, istituita con la legge n. 481 del 14 novembre 1995, con funzioni di regolazione e di controllo dei servizi pubblici nei settori dell'energia elettrica e del gas, beni considerati di pubblica utilità, l'accesso ai quali deve essere garantito a tutti gli utenti in condizioni non discriminatorie.

Bassa tensione (BT) – È una tensione nominale tra le fasi non superiore a 1 kV.

Bilancio energetico – Rappresentazione contabile dei flussi energetici.

BIPV (*Building Integrated Photovoltaics*) – Applicazioni del fotovoltaico integrate in architettura (facciate fotovoltaiche, coperture fotovoltaiche, vetrate fotovoltaiche, ecc.).

B.O.S. (*Balance Of System*) – Insieme di tutti i dispositivi, sia di controllo e monitoraggio che semplice connessione che trovano la loro collocazione fra i moduli FV e l'utenza finale.

Buco nero – Risultato del collasso gravitazionale di una stella massiccia su se stessa. La sua attrazione gravitazionale agisce come una sorta di "buca" che inghiotte tutti i corpi che gli si avvicinano; essa è talmente forte che nemmeno la luce può sfuggire, e da questo deriva il suo nome.

Campo fotovoltaico – Insieme di moduli fotovoltaici, assemblati e connessi elettricamente a formare un'unica superficie continua di captazione.

Campo magnetico – La parola magnetismo ha origine da Magnesia, zona dell'Asia Minore dove furono rinvenute pietre (magnetite) che hanno la capacità di attrarre pezzi di ferro. Questi minerali, composti da magnetite naturale costituiscono la forma più semplice di magneti naturali; opportunamente lavorati permettono di realizzare dei magneti permanenti: le calamite. Anche la Terra è un magnete naturale che, come noto, orienta l'ago della bussola verso il Nord. Nel corso del secolo XIX venne scoperto che anche un filo percorso da corrente era in grado di generare un campo magnetico; quindi in analogia alla calamita era possibile realizzare una "elettrocalamita" costituita da un nucleo di ferro che produce un campo magnetico quando gli avvolgimenti (filo avvolto attorno al nucleo) vengono percorsi da una corrente elettrica. Quando la corrente che percorre l'avvolgimento è alternata (variabile nel tempo) anche il campo magnetico che si produce è variabile nel tempo. Il campo prodotto in un punto dello spazio da un conduttore attraversato da una corrente dipende dalla distanza dal conduttore stesso e decresce in maniera estremamente rapida. Le linee elettriche sono a tutti gli effetti dei conduttori percorsi da corrente e generano pertanto un campo magnetico; anche in questo caso l'intensità del campo decresce con grande velocità allontanandosi dai conduttori; ad esempio il campo elettrico a 2 metri di distanza è la metà di quello a 1 metro.

Carico elettrico – Quantità di potenza elettrica istantanea erogata, consumata o assorbita da un qualsiasi utilizzatore elettrico. Si misura in Watt (W).

Cassetta di terminazione – Contenitore a tenuta stagna, costituito normalmente in materiale plastico, fissato sul retro di un modulo fotovoltaico e contenente la morsettiera per il collegamento elettrico e i diodi di by-pass.

Cella a multigiunzione verticale – Cella composta, costituita da differenti materiali semiconduttori disposti a strati, uno sull'altro, che permettono alle differenti porzioni di spettro solare di essere convertite in elettricità a differenti profondità, aumentando quindi l'efficienza globale di conversione della luce incidente.

Cella fotovoltaica – Elemento base del generatore fotovoltaico, costituita da materiale semiconduttore, opportunamente trattato mediante processi di "drogaggio", che converte la radiazione solare in energia elettrica.

Certificati Verdi – Sono una certificazione di produzione, a titolo annuale, oggetto di contrattazione nell'ambito della Borsa dell'Energia, che il Gestore della Rete di Trasmissione Nazionale (GRTN) emette a favore dei produttori di energia rinnovabile. Definiscono ufficialmente e univocamente la quantità di energia rinnovabile prodotta da ciascun impianto. I produttori e gli importatori di energia elettrica, a decorrere dal 2001, hanno l'obbligo di immettere nel sistema elettrico nazionale, nell'anno successivo, una quota di energia prodotta da impianti da fonti rinnovabili pari al 2% della loro produzione (o importazione). Essi potranno adempiere a questo obbligo costruendo e gestendo impianti alimentati da fonti rinnovabili oppure acquistando Certificati Verdi dalle aziende che ne dispongono. Il prezzo dei certificati é determinato dall'incontro tra la domanda e l'offerta degli stessi.

CIP/6 – Acronimo che contraddistingue il Provvedimento del Comitato Interministeriale Prezzi n. 6 del 1992, che stabilisce i prezzi con i quali i privati potevano vendere energia elettrica prodotta da fonte rinnovabile o assimilata all'Enel. Il meccanismo del CIP/6 verrà a regime sostituito dal Sistema dei Certificati Verdi, previsto dal Decreto Bersani.

CO – Vedi ossido di carbonio.
CO_2 – Vedi anidride carbonica.

Collegamento in parallelo – Configurazione elettrica di elementi aventi la stessa differenza di potenziale

Collegamento in serie – Configurazione elettrica di elementi attraversati dalla stessa corrente

Contatti elettrici – Elementi conduttori che stabiliscono o interrompono la continuità di un circuito elettrico. Nelle celle fotovoltaiche i contatti sono realizzati in materiale altamente conduttivo (per esempio in argento), in modo da oscurare il meno possibile la cella stessa.

Conversione fotovoltaica – Fenomeno fisico per il quale la radiazione solare incidente su un dispositivo elettronico a stato solido (cella fotovoltaica) viene convertita in energia elettrica.

Convezione – Modalità di propagazione del calore nei fluidi, che avviene per spostamento d'insieme di masse di materiale fluido.

Corrente – Flusso di cariche elettriche che scorre in un conduttore tra due punti aventi una differenza di potenziale (tensione). Si misura in Ampère (A).

Corona solare – Regione di gas rarefatto e fortemente ionizzato, a temperature superiori al milione di gradi, che circonda il Sole e si estende fino a distanze di milioni di chilometri da questo.

Corpo nero – Corpo ipotetico in grado di assorbire tutta la radiazione che riceve senza emetterne e pertanto appare completamente nero. Se riscaldato, esso però emette radiazione, con il massimo di intensità a una lunghezza d'onda tanto minore quanto maggiore è la sua temperatura. Pertanto, in astrofisica, la radiazione emessa da un astro viene descritta anche mediante la temperatura di corpo nero, cioè la temperatura di un corpo nero che emette radiazione con la stessa distribuzione in lunghezze d'onda.

Decreto Bersani – Decreto Legislativo (16 marzo 1999 n. 79 entrato in vigore il 1° aprile 1999) che ha recepito nell'ordinamento nazionale la direttiva comunitaria n. 96/92/CE recante norme comuni per il mercato interno dell'energia elettrica e la liberalizzazione del mercato dell'elettricità.

Depletion – È il risultato dell'estrazione e consumo delle risorse abiotiche (non rinnovabili) dall'ambiente e di quelle biotiche (rinnovabili) più velocemente di quanto queste si possano rinnovare.

Deuterio – Elemento chimico detto "idrogeno pesante", è un isotopo dell'idrogeno il cui nucleo è costituito da un protone e da un neutrone.

Diffrazione – Fenomeno dovuto alla natura ondulatoria della luce per cui essa, incontrando piccolissimi oggetti o attraversando fenditure, si propaga al di là di essi seguendo direzioni diverse da quella rettilinea, prevista dall'ottica geometrica. A causa della diffrazione, l'immagine di una sorgente puntiforme risulta un dischetto, la cui dimensione rappresenta il limite di diffrazione; non è possibile distinguere due oggetti la cui immagine disti meno di questo limite.

Diodo – Elemento elettronico, fornito di anodo e catodo, che permette alla corrente elettrica di fluire in una sola direzione.

Diodo di blocco o **di stringa** – Diodo che evita il fluire della corrente elettrica da una stringa sana ad una con funzionamento anomalo.

Diodo di by-pass – Diodo che permette alla corrente prodotta da un modulo di trovare un percorso alternativo in caso di guasto o di ombreggiamenti parziali. In questo modo si isola la causa del problema, evitando che la disfunzione influisca negativamente sul rendimento dell'intero campo fotovoltaico.

Dispositivo di interconnessione – L'apparecchiatura per collegare le reti elettriche.

Dispositivo fotovoltaico – Cella, modulo, pannello, stringa o campo fotovoltaico.

Distributore – Impresa distributrice che vende l'energia a tariffa ai clienti vincolati e ai clienti idonei che non hanno stipulato contratti sul mercato libero. Essa ha l'obbligo di allacciare alla propria rete i clienti vincolati che ne facciano richiesta, gestisce la rete di distribuzione in zone definite, acquista energia elettrica con contratti bilaterali dai produttori o dai rivenditori e dalla Borsa dell'energia. Assicura servizi di vettoriamento ai clienti idonei allacciati alla propria rete che hanno stipulato contratti sul mercato libero.

Distribuzione elettrica – L'attività di trasporto e di trasformazione di energia elettrica sulle reti di distribuzione a media e bassa tensione, per le consegne ai clienti finali.

Drogaggio – Introduzione in quantità estremamente piccole (dell'ordine di 1 su 1.000.000) di impurità (elementi droganti) all'interno del materiale semiconduttore, al fine di creare una differenza di potenziale e quindi un flusso ordinato di cariche elettriche.

Eclisse – Oscuramento totale o parziale di un corpo celeste per interposizione di un altro tra questo e l'osservatore. L'eclisse di Sole è provocata dall'interposizione della Luna tra Sole e Terra, viceversa quella di Luna è causata dall'interposizione tra Luna e Sole da parte della Terra, che proietta la sua ombra sul disco lunare.

Eclittica – Circonferenza immaginaria tracciata sulla volta celeste dal piano dell'orbita terrestre attorno al Sole. Esso è inclinato di 23° 27' sull'equatore celeste.

Effetto dinamo – Generazione di un campo magnetico in un pianeta, per il moto delle cariche elettriche durante la rotazione del pianeta stesso attorno a un nucleo fluido conduttore.

Effetto fionda – Meccanismo per il quale il passaggio ravvicinato di una navicella spaziale attorno a un pianeta le imprime un'accelerazione; essa acquista così velocità ulteriore rispetto a quella con la quale è stata lanciata dalla Terra

Effetto serra – Riscaldamento della superficie di un pianeta, causato dai gas presenti nella sua atmosfera, che trattengono la radiazione infrarossa proveniente dal Sole. La maggior responsabile dell'effetto serra è l'anidride carbonica.

Efficienza di conversione – Rapporto tra l'energia elettrica prodotta e l'energia solare raccolta da un dispositivo fotovoltaico

Eliosfera – Regione dello spazio nella quale agisce il campo magnetico solare. La sua intensità decresce progressivamente allontanandosi dal Sole, fino a una regione detta eliopausa.

Ellissoide – Superficie che si ottiene facendo ruotare un'ellisse attorno a uno dei suoi assi.

Emissioni – Con il termine emissioni si indicano tutte le sostanze che vengono rilasciate nell'atmosfera da un impianto durante il suo funzionamento.

Energia elettrica vettoriabile – È la massima quantità di energia elettrica che può essere vettoriata in un dato periodo di tempo, senza eccedere in alcun momento il limite della potenza impegnata.

Equatore celeste – Piano immaginario individuato sulla sfera celeste dal prolungamento del piano equatoriale terrestre

ENEA (Ente per le Nuove tecnologie, l'Energia e l'Ambiente) – Ente pubblico che opera nei campi della ricerca e della innovazione per lo sviluppo sostenibile, per la promozione di sviluppo, competitività, occupazione e per la salvaguardia ambientale. L'Enea svolge anche funzioni di garanzia per le pubbliche amministrazioni mediante prestazione di servizi avanzati nei settori dell'energia, dell'ambiente e dell'innovazione tecnologica.

Energia alternativa – Energia derivata da sorgenti non tradizionali (per es. gas naturale compresso, energia solare, energia idroelettrica, vento).

EVA (etilenvinilacetato) – Materiale plastico utilizzato per sigillare le celle all'interno dei moduli in silicio cristallino dei pannelli, allo scopo di garantire la protezione dalle aggressioni esterne e il mantenimento delle prestazioni elettriche.

Fasce di radiazione – Insieme di particelle cariche (ioni ed elettroni) emesse dal Sole e intrappolate nella magnetosfera dei pianeti. Le fasce di radiazione della Terra prendono il nome di "fasce di Van Allen", dal nome del loro scopritore.

Fasi – Diversi aspetti che un astro presenta successivamente, a causa della sua posizione rispetto ad un altro. Per esempio, le fasi della Luna sono dovute alle diverse posizioni che essa assume rispetto al Sole, che causano una diversa illuminazione della sua superficie vista da Terra.

Film sottile – Prodotto della tecnologia che sfrutta la deposizione di un sottilissimo strato di materiali semiconduttori su supporti plastici o metallici, rigidi o flessibili, a basso costo per la realizzazione di dispositivi fotovoltaici.

Fonti rinnovabili – Sole, vento, risorse idriche, risorse geotermiche, maree, moto ondoso e trasformazione in energia elettrica di prodotti vegetali o di rifiuti organici e inorganici.

Forza mareale – È una sorta di "stiramento" che un corpo subisce a causa dell'attrazione gravitazionale differenziale da parte di un altro corpo sui suoi diversi punti. L'attrazione gravitazionale varia infatti con la distanza dei vari punti dal corpo attrattore. Se due punti vengono attratti con forze di diversa intensità, sperimentano una forza di stiramento l'uno rispetto all'altro. La forza mareale della Luna sui nostri mari è responsabile del sollevamento periodico degli stessi durante l'orbita della Luna attorno alla Terra.

Forze fondamentali – Nell'universo operano quattro forze o interazioni fondamentali: *1)* la forza gravitazionale, che produce la mutua attrazione tra corpi dotati di massa; *2)* la forza elettromagnetica, che provoca la mutua attrazione tra particelle cariche di segno opposto e la repulsione tra particelle di segno uguale: è la forza che mantiene gli elettroni in orbita attorno ai nuclei per formare gli atomi; *3)* l'interazione debole, che regola i processi di decadimento dei nuclei atomici e la radioattività; *4)* l'interazione forte, che lega protoni e neutroni per formare i nuclei atomici; interviene nel processo di fusione nucleare. La forza gravitazionale è l'interazione meno intensa, ma è quella con il maggior raggio d'azione; al contrario, l'interazione forte è la più intensa, ma ha un raggio d'azione piccolissimo, dell'ordine delle dimensioni di un nucleo atomico (10-15 m).

Fotoni – Particelle che trasportano l'energia elettromagnetica della radiazione. La radiazione elettromagnetica ha una doppia natura: sotto certi aspetti si comporta come un'onda, sotto altri aspetti come una particella. Per esempio, la radiazione viene assorbita dagli atomi sotto forma di particelle o "pacchetti" di energia, i fotoni.

Fotosfera – Superficie visibile di una stella: è lo strato dal quale proviene la radiazione osservabile

Fotovoltaico – Termine composto da "foto" (dal greco "luce") e "voltaico" (dal nome dello scienziato italiano Alessandro Volta, tra i primi a studiare i fenomeni elettrici e inventore della pila).

Fusione termonucleare – Processo nel quale due o più nuclei atomici vengono combinati per formarne uno più grande, la cui massa è leggermente inferiore alla somma delle masse dei primi. La differenza di massa viene convertita in energia secondo la famosa equazione di Einstein $E=mc2$

Galassia – Insieme di miliardi di stelle, unite dalla reciproca attrazione gravitazionale. Le galassie sono i "mattoni" che costituiscono l'Universo. Possono essere singole o riunite in gruppi e ammassi. Hanno in media diametri di un miliardo di miliardi di chilometri, e possono contenere da 1 a 1000 miliardi di stelle. Ce ne sono di vari tipi: ellittiche, spirali, irregolari.

Galassia attiva – Galassia che emette enormi quantità di energia, non spiegabili con la sola produzione di radiazione da parte delle sue stelle. L'emissione, che generalmente proviene da una piccola regione della galassia, viene oggi attribuita a fenomeni come l'accrescimento di materia su un buco nero molto massiccio posto nel centro della stessa.

Gas di serra (o GHG) – Gas comuni come l'anidride carbonica e il vapore acqueo, ma anche gas più rari quali il metano e i clorofluorocarburi (CFC), le cui proprietà si riferiscono alla trasmissione o alla riflessione di tipi differenti di radiazioni. L'aumento di tali gas nell'atmosfera, che contribuisce al riscaldamento globale, è un risultato della combustione dei combustibili fossili, dell'emissione delle sostanze inquinanti nell'atmosfera e della deforestazione.

Generatore fotovoltaico – Generatore elettrico costituito da uno o più moduli, pannelli o stringhe fotovoltaiche.

Gigante rossa – Stadio dell'evoluzione di una stella, durante il quale i suoi strati esterni si espandono e si raffreddano; la stella appare più grande e più luminosa, perchè aumenta la superficie emittente; inoltre la diminuzione di temperatura fa sì che il massimo di intensità della luce si sposti verso il rosso, cioè verso lunghezze d'onda maggiori.

Giroscopio – Corpo solido in rapidissima rotazione attorno a un asse, che si mantiene sempre parallelo a se stesso durante il moto del sistema.

GRTN (Gestore della rete di trasmissione nazionale) – È una società per azioni la cui costituzione è avvenuta in base al Decreto legislativo n. 79/1999 con il quale è stata attuata la Direttiva 96/92/CE, recante norme comuni per il mercato interno dell'energia elettrica. Al Gestore della Rete di Trasmissione Nazionale sono attribuite in concessione le attività di trasmissione e dispacciamento e la gestione unificata della rete di trasmissione nazionale. A tal fine la società, senza esserne proprietaria, gestisce la rete nazionale con la massima imparzialità.

Grid connected – Termine utilizzato per identificare un sistema fotovoltaico connesso alla rete elettrica di distribuzione.

HIT (*Heterojunction with Intrinsic Thin-layer*) – Celle fotovoltaiche bifacciali costituite da uno strato ultrasottile di silicio amorfo depositato su un substrato di silicio monocristallino ad alto rendimento.

76

Impianti alimentati da fonti assimilate – Sono quelli che utilizzano fonti di energia assimilate alle fonti rinnovabili di energia, come definite all'articolo 1, comma 3, della legge 9 gennaio 1991, n. 10, per i quali risulta soddisfatta la condizione tecnica per l'assimilabilità prevista dal Titolo I del provvedimento del Comitato interministeriale dei prezzi 29 aprile 1992, n. 6/1992 e successive modificazioni e integrazioni.

Inseguitore del punto di massima Potenza (MPPT) – Dispositivo elettronico di interfaccia posto tra l'utilizzatore e il generatore fotovoltaico che consente a quest'ultimo di cedere al carico, in ogni momento e al variare delle condizione esterne (temperatura, irraggiamento) la massima potenza disponibile.

Inseguitore solare – Struttura di sostegno del pannello solare che, mediante un dispositivo elettroassistito e/o pneumatico, permette di "inseguire" il percorso del sole. L'inseguimento può essere effettuato variando l'asse orizzontale, oppure quello orizzontale e verticale contemporaneamente.

Insolazione – È l'energia solare radiante ricevuta dalla Terra.

Inverter a commutazione forzata – Particolare tipo di convertitore in cui la tensione d'uscita viene generata da un circuito elettronico oscillatore che consente all'inverter di funzionare come generatore in una rete isolata.

Inverter a commutazione naturale – Particolare tipo di convertitore in cui la frequenza della tensione d'uscita viene impostata dalla rete elettrica cui è collegato.

Ione – Atomo privo di uno o più elettroni e che possiede pertanto una carica elettrica positiva.

Ionosfera – Regione di intensa ionizzazione dell'alta atmosfera di un pianeta

Irraggiamento – Radiazione solare istantanea incidente sulla superficie di un oggetto. Si misura in kW/m^2. L'irraggiamento in condizioni di cielo sereno e sole a mezzogiorno (condizione STC) è pari a circa 1.000 W/m^2.

Isotopo – Elementi aventi lo stesso numero di protoni e uguali proprietà chimiche, ma diverso numero di neutroni, cioè diverso peso atomico.

Joint implementation – È il concetto secondo cui i paesi industrializzati rispondono ai loro obblighi per la riduzione delle emissioni di gas di serra ricevendo crediti per investire in riduzioni delle emissioni nei paesi in via di sviluppo.

Joule (J) – Unità di misura dell'energia (1 kcal = 4187 J).

Junction box – Vedi Cassetta di terminazione.

KiloWatt di picco (kWp) – Multiplo dell'unità di misura della potenza, calcolata come massima potenza erogabile in condizioni STC.

KiloWattora (kWh) – Unità di misura che esprime la quantità di energia elettrica corrispondente a una potenza di 1.000 Watt fornita o richiesta per la durata di un'ora.

Latitudine celeste – Distanza angolare di un astro dall'equatore celeste (o dall'eclittica) misurata lungo un cerchio massimo passante per l'astro e i poli celesti (o i poli dell'eclittica).

Longitudine – Distanza angolare di un astro dal punto di intersezione dell' eclittica con l'equatore celeste

Lunghezza d'onda – Nella radiazione indica la distanza tra due massimi successivi di intensità del campo elettromagnetico che essa trasporta. La frequenza indica invece il numero di oscillazioni del campo elettromagnetico in un secondo ed è proporzionale all'energia che l'onda trasporta. Il prodotto della lunghezza d'onda e della frequenza è costante, quindi tanto maggiore è la lunghezza d'onda, tanto minori sono la frequenza e l'energia della radiazione.

Macchie solari – Aree scure sulla fotosfera del Sole, che si presentano a gruppi, legate al magnetismo solare; sono scure perché più fredde della fotosfera circostante.

Magnetosfera – Involucro magnetico che circonda i pianeti dotati di campo magnetico. Ha una forma asimmetrica in quanto è delimitata nella direzione del Sole dalla pressione del vento solare, mentre dal lato opposto forma una coda molto lunga.

Magnitudine – Luminosità apparente o assoluta di un astro. La prima misura la luminosità con la quale l'astro ci appare da terra, cioè alla sua distanza reale; la seconda misura invece la luminosità che esso avrebbe se fosse posto a una distanza standard dall'osservatore, cioè quella intrinseca. La definizione di magnitudine è tale che, tanto più brillante è un astro, tanto minore è la sua magnitudine.

Maximum Power Point Tracker (MPPT) – Vedi inseguitore del punto di massima potenza.

Mercato libero – Ambito in cui operano in regime di concorrenza produttori e grossisti di energia elettrica sia nazionali che esteri per fornire energia elettrica ai clienti idonei. Poiché il Decreto Bersani prevede il progressivo abbassamento delle soglie di idoneità per l'accesso al mercato libero, si verificherà un conseguente allargamento delle sue dimensioni e degli operatori attivi al suo interno.

Mercato vincolato – Ambito del mercato dell'energia elettrica per la fornitura ai clienti finali che, non rientrando nella categoria dei clienti idonei, possono stipulare i relativi contratti esclusivamente con il distributore che presta il servizio nell'area territoriale dove è localizzata l'utenza di detti soggetti. Il prezzo di acquisto dell'energia elettrica, in questo contesto, è unico a livello nazionale ed è regolamentato dall'Autorità per l'Energia Elettrica e il Gas.

Meridiano – Circonferenza passante per i poli di un pianeta, perpendicolare all'equatore.

Metano (CH₄) – Gas di serra che consiste di quattro molecole di idrogeno e di una di carbonio. Viene prodotto in condizioni aerobiche decomponendo i rifiuti solidi nelle discariche, ecc.

Micron – Unità di misura delle dimensioni microscopiche, come la lunghezza d'onda della radiazione. Un micron corrisponde a un milionesimo di metro, cioè a un millesimo di millimetro.

Microonde – Radiazione con lunghezza d'onda compresa tra 1 mm e 30 cm circa.

Mismatching – Perdite dovute alla disuniformità delle prestazioni elettriche dei pannelli fotovoltaici.

Modulo fotovoltaico – Insieme di celle fotovoltaiche collegate tra loro in serie e/o in parallelo a formare un dispositivo unico caratterizzato da valori di tensione e corrente adatti alle applicazioni più comuni. Il modulo standard è realizzato in vetro sul lato frontale e da materiali isolanti e plastici sul lato posteriore.

Momento angolare – Per un corpo rigido in rotazione attorno a un asse, è il prodotto della velocità angolare di rotazione e della massa del corpo.

N_2O – Vedi protossido di azoto.

Nadir – Punto opposto allo zenit sulla sfera celeste.

Nana bianca – Stadio finale dell'evoluzione di una stella poco massiccia, dopo l'esaurimento del combustibile nucleare al centro. Deve il suo nome al fatto che la stella è compatta, piccola e poco luminosa, ma essendo anche molto calda, emette luce "bianca", cioè a piccole lunghezze d'onda

Nana marrone – Astro troppo poco massiccio per raggiungere la temperatura centrale necessaria per innescare le reazioni di fusione nucleare e diventare una stella.

Nebulosa – Il termine indica un generico ammasso di gas più o meno rarefatto e polveri. Ce ne sono di vari tipi, con origini diverse tra loro. Possono essere oscure, oppure possedere una sorgente luminosa al loro interno (come una stella) o infine riflettere la luce proveniente da una sorgente esterna. La nebulosa protosolare è la nube di gas primordiale dalla quale si è formato il Sistema Solare, per contrazione gravitazionale.

Net metering – Conteggio dell'energia prodotta da un impianto fotovoltaico e immessa nella rete elettrica comune in rapporto con la quantità di energia normalmente utilizzata dall'utente finale. Il termine indica in generale il sistema utilizzato dagli impianti fotovoltaici connessi alla rete, i quali immettono direttamente l'energia prodotta nella rete elettrica comune.

Neutrino – Particella subnucleare prodotta nel corso di alcune reazioni nucleari. I neutrini sono privi di massa e di carica elettrica e per questo motivo attraversano la materia senza interagire con essa. Sono particelle estremamente diffuse nell'universo.

Nodi (linea dei) – Retta individuata dall'intersezione tra il piano orbitale della Terra e quello della Luna oppure, nel caso generale, tra i piani orbitali di due astri qualsiasi. È la retta lungo la quale si allineano tre corpi allorché si verifica un'eclisse.

NOX – Vedi ossido di azoto.

Nutazione – Moto dell'asse di rotazione terrestre. È causato dal fatto che l'attrazione gravitazionale della Luna e del Sole sul rigonfiamento equatoriale terrestre varia nel tempo a seconda delle loro posizioni relative. Per l'effetto congiunto della nutazione e di un'altra perturbazione di ampiezza maggiore (la precessione), l'asse di rotazione terrestre compie un moto sinuoso nel cielo anziché mantenere una direzione fissa nello spazio.

O_3 – Vedi ozono.

Onda d'urto – Onda di pressione che si produce in un fluido quando un corpo immerso in esso, oppure un fenomeno esplosivo o di compressione, vi si propagano con velocità superiore alla velocità del suono in quel fluido. La velocità del suono è una velocità con la quale le molecole del fluido si spostano per trasmettere da un punto all'altro una variazione di pressione.

Onde radio – Radiazioni con lunghezza d'onda superiore ai 30 cm circa.

Opposizione – Posizione di due astri le cui longitudini differiscono di 180°, cioè che si trovano dalla parte opposta l'uno dall'altro rispetto alla Terra.

Orbita – Traiettoria ellittica descritta da un corpo celeste che ruota attorno ad un altro. L'orbita è completamente determinata da 6 parametri: il semiasse maggiore, l'eccentricità, l'inclinazione rispetto a un piano, la longitudine del nodo ascendente, la longitudine del periastro e il periodo di rivoluzione

Orientamento – Posizione in cui viene collocato un modulo rispetto ai punti cardinali. Viene calcolato in base al valore di azimut.

Ossido di azoto (NOX) – Termine generale che appartiene ai residui dell'ossido nitrico (NO), al diossido dell'azoto e ad altri ossidi di azoto. Gli ossidi dell'azoto si creano tipicamente durante processi di combustione e contribuiscono in modo importante alla formazione di smog e alla deposizione di acidi sul suolo. L'NO_2 è una sostanza inquinante dell'aria e può provocare numerosi effetti nocivi sulla salute. Tali ossidi sono prodotti essenzialmente dalle emissioni dei gas di scarico dei veicoli e dalle centrali elettriche.

Ossido di carbonio (CO) – Gas incolore e inodore derivante dalla combustione incompleta degli idrocarburi. Il CO interferisce con la capacità del sangue di trasportare l'ossigeno ai tessuti e gli effetti avversi sulla salute sono numerosi. Oltre l'80% del CO emesso nelle aree urbane deriva dagli autoveicoli. Il CO è uno degli inquinanti chiave dell'atmosfera.

Ozono (O_3) – Consiste di tre atomi di ossigeno legati insieme, contrariamente all'ossigeno atmosferico normale che consiste di due atomi soli di ossigeno. L'ozono si forma nell'atmosfera ed è estremamente reattivo e così ha una corso di vita breve. Nella stratosfera l'ozono è sia un gas di serra efficace (assorbitore di radiazione infrarossa) sia un filtro per la radiazione solare ultravioletta. L'ozono nella troposfera può essere pericoloso poiché è tossico agli esseri umani e alla materia vivente. Livelli elevati di ozono nella troposfera esistono in alcune zone, particolarmente nelle grandi città, come conseguenza delle reazioni chimiche degli idrocarburi e degli ossidi dell'azoto, liberate dalle emissioni dei veicoli e dalle centrali elettriche.

Pannello fotovoltaico – Insieme di più moduli, collegati in serie e/o in parallelo, in una struttura rigida.

Parallasse – Modifica della posizione apparente di un astro vicino osservato da due punti diversi, rispetto alle stelle più distanti. Ha permesso di misurare la distanza delle stelle più vicine.

Parallelo – Circonferenza parallela all'equatore (celeste o terrestre); misura la latitudine di un punto.
Perielio – Punto di minima distanza dal Sole in un'orbita.

Perigeo – Punto di minima distanza dalla Terra nell'orbita della Luna o di un satellite artificiale.

Pianeti esterni – Marte, Giove, Saturno, Urano, Nettuno e Plutone sono i pianeti esterni all'orbita terrestre.

Pianeti interni – Mercurio e Venere sono i pianeti interni all'orbita della Terra

Plasma – Stato della materia nel quale gli atomi sono completamente ionizzati, cioè hanno perso tutti i loro elettroni. È lo stato ordinario della materia all'interno delle stelle.

Poli celesti – Punti immaginari individuati sulla sfera celeste dal prolungamento dell'asse di rotazione terrestre.

Potenza (W) – Energia prodotta nell'unità di tempo. Si misura in W = J/s (W=Watt; J=Joule; s=secondo). Dal punto di vista elettrico il W è la potenza sviluppata in un circuito da una corrente di 1 A (Ampère) che attraversa una differenza di potenziale di 1 V (Volt).

Potenza di picco (Wp) – Potenza massima prodotta da un dispositivo fotovoltaico in condizioni standard di funzionamento (irraggiamento 1000 W/m^2 e temperatura 25°C) e di composizione spettrale della luce incidente.

Precessione degli equinozi – Moto dell'asse di rotazione terrestre, durante il quale esso descrive un cono con periodo di 25.800 anni. Dipende dall'azione gravitazionale del Sole e della Luna sul rigonfiamento equatoriale della Terra: esso fa sì che il punto di intersezione dell'equatore celeste con il piano orbitale terrestre si muova in senso retrogrado (orario) di 50 secondi d'arco ogni anno. Questo moto si combina con un moto di minore ampiezza, la nutazione, facendo descrivere al polo celeste una traiettoria sinuosa attorno a un punto fisso.

Protossido d'azoto (N$_2$O) – Gas serra, che consiste di due molecole di azoto e di una di ossigeno.

Punto di consegna – È il punto in cui l'energia elettrica vettoriata viene immessa in rete.

Punto di riconsegna – È il punto in cui l'energia elettrica vettoriata viene prelevata dalla rete.

Radiazione diffusa – Parte della radiazione solare ricevuta, dopo la riflessione e la dispersione da parte dell'atmosfera, da un pannello solare (superficie di captazione).

Radiazione diretta – Parte della radiazione solare che colpisce direttamente, con uno specifico angolo di incidenza, la superficie di un pannello solare (superficie di captazione).

Radiazione di fondo cosmica – Radiazione elettromagnetica diffusa e quasi uniforme, proveniente da tutte le direzioni, che permea tutto l'universo. Ha un massimo di intensità alla lunghezza d'onda di 2,6 cm e si pensa sia il residuo della radiazione emessa durante il Big Bang, la gigantesca esplosione che ha dato origine all'universo secondo le moderne teorie cosmologiche.

Radiazione globale – È l'insieme della radiazione diretta, della radiazione diffusa e della radiazione riflessa.

Radiazione infrarossa – Radiazione con lunghezza d'onda compresa tra 7.800 Angstrom e 1 mm circa.

Radiazione riflessa – Parte della radiazione solare incidente su un pannello solare dopo la riflessione da parte dell'ambiente circostante.

Radiazione solare – Energia elettromagnetica che viene emessa dal sole in seguito ai processi di fusione nucleare. La radiazione solare al suolo viene misurata in kWh/m^2.

Radiazione ultravioletta – Radiazione di frequenza ed energia superiore a quella della luce visibile. Ha lunghezza d'onda compresa tra circa 40 Angstrom e circa 3.500 Angstrom.

Radiogalassia – Galassia che emette una gran parte della sua radiazione nella banda radio.

Raggi cosmici – È un tipo di radiazione costituita da corpuscoli e non da radiazione elettromagnetica vera e propria. È un flusso di particelle cariche, per lo più ioni di elementi leggeri (idrogeno, deuterio, elio, litio, ecc.) ed elettroni, che si muovono ad altissime velocità, prossime a quella della luce. Possiedono una grande energia, e riempiono tutta la galassia come una specie di gas interstellare. Vengono emessi dalle stelle e durante alcuni fenomeni energetici, come le esplosioni di supernova.

Raggi gamma – È la radiazione a maggiore frequenza ed energia conosciuta; ha lunghezza d'onda compresa tra 10 - 12 cm (10- 4 Angstrom) e 10 - 9 cm (0.1 Angstrom)

Redshift – Spostamento dello spettro della radiazione di una sorgente verso il rosso, cioè verso lunghezze d'onda maggiori rispetto a quelle alle quali è stato emesso, causato da un allontanamento della sorgente stessa dall'osservatore. Il fenomeno opposto, cioè la spostamento della luce verso il lato violetto dello spettro a causa di un moto di avvicinamento della sorgente, prende il nome di blueshift.

Retrofit – Con questo termine si denotano gli interventi di integrazione di tecnologie solari attive, in occasione di interventi di manutenzione o ristrutturazione.
Riscaldamento globale Aumento nella temperatura della troposfera terrestre. Il riscaldamento globale si è verificato in passato come conseguenza di fenomeni naturali, ma il termine è usato più spesso con riferimento al riscaldamento previsto da modelli recenti come conseguenza delle aumentate emissioni di gas di serra.

Rivoluzione – Moto rotatorio di un corpo celeste attorno a un altro, che avviene lungo un'orbita ellittica o circolare. Se l'asse di rotazione del primo è inclinato di un angolo diverso da 90 gradi sul piano orbitale, la rivoluzione causa l'alternarsi delle stagioni.

Rotazione – Moto rotatorio di un corpo celeste attorno al proprio asse.

Semiconduttori – Sostanze solide cristalli come il silicio (Si), dotate di caratteristiche elettriche intermedie tra quelle dei conduttori e degli isolanti.

Sfera celeste – Sfera immaginaria, nel cui centro si trova l'osservatore, sulla cui superficie interna si pensano proiettati gli astri e le coordinate di riferimento celesti.

Silicio (Si) – Elemento chimico semiconduttore, non presente in natura allo stato libero, di colore bruno nerastro usato per le applicazioni fotovoltaiche. Può essere utilizzato in forma cristallina per le realizzazioni di celle fotovoltaiche, o in forma amorfa, previa deposizione in strati sottili su vari tipi di supporti.

Silicio di grado solare –Silicio prodotto appositamente per l'industria fotovoltaica o di scarto dell'industria elettronica, avente caratteristiche di purezza sufficienti per la preparazione delle celle solari.

Sistema fotovoltaico – Sistema costituito da moduli fotovoltaici e altri componenti progettato per fornire potenza elettrica a partire dalla radiazione solare. Può essere connesso alla rete (grid connected) o isolato (stand alone).

SO$_2$ – Vedi anidride solforosa.

Solare Fotovoltaico – Processo di produzione di energia elettrica basato sulla capacità di alcuni materiali semiconduttori (fra cui il silicio, molto diffuso in natura) di produrre energia se colpiti da radiazione solare.

Sottocampo – Collegamento elettrico in parallelo di più stringhe. L'insieme dei sottocampi costituisce il campo fotovoltaico.

Spettro – Distribuzione della luce alle varie lunghezze d'onda. Materialmente, lo spettro di una qualunque sorgente è una striscia luminosa di vari colori, che si ottiene quando la radiazione della sorgente viene fatta passare attraverso un prisma o un altro oggetto; il prisma la scompone nelle diverse lunghezze d'onda che la costituiscono. Lo spettro di una sorgente stellare presenta delle righe scure, dette righe di assorbimento, mentre altre sorgenti hanno anche righe in emissione, cioè più brillanti del resto dello spettro. Dalle righe spettrali si ricavano indicazioni sulla composizione chimica e sulla temperatura della sorgente.

Spettrografo – Strumento che permette di registrare lo spettro di una sorgente dopo averlo scomposto.

Stand alone – Termine utilizzato per identificare un sistema fotovoltaico autonomo e isolato dalla rete elettrica di distribuzione.

Stella di neutroni – Stella estremamente compatta e densa che si forma durante l'evoluzione finale di una stella massiccia. La materia in una stella di neutroni non si trova nello stato fisico ordinario che noi conosciamo: la pressione della materia che vi è concentrata è talmente alta che gli atomi si "spezzano" e gli elettroni si fondono con i protoni, formando un mare densissimo di neutroni.

Strato di ozono – È l'ozono nella stratosfera; esso è molto diffuso, occupando una regione di molti chilometri di spessore; convenzionalmente lo si descrive come strato, per aiutare la comprensione.

Stringa – Insieme di moduli o pannelli collegati elettricamente in serie fra loro per ottenere la tensione di lavoro del campo fotovoltaico.

Superficie captante – Superficie utile dei pannelli fotovoltaici, al netto di cornici e montanti.

Supergigante – Stella di dimensioni e luminosità maggiori di qualunque altro tipo di stella. Esistono supergiganti blu, di alta temperatura superficiale, e rosse, più fredde.

Supernova – Stadio finale dell'evoluzione di una stella massiccia, durante il quale essa esplode raggiungendo un eccezionale splendore, pari anche a quello di un'intera galassia. L'esplosione della stella può distruggerla completamente o lasciare come residuo una stella di neutroni o un buco nero.

Tedlar – Materiale (Polivinilfluoruro) impiegato in fogli nell'assemblaggio dei moduli fotovoltaici per le sue particolari caratteristiche anti-umidità.

Tensione (V) – Differenza di potenziale elettrico tra due corpi o tra due punti di un conduttore o di un circuito.

Tensione alternata – Tensione tra due punti di un circuito che varia nel tempo con andamento di tipo sinusoidale. È la tensione tipica degli apparecchi utilizzatori domestici.

Tensione di circuito aperto – Corrisponde alla tensione massima prodotta dal generatore fotovoltaico

TEP – Tonnellata equivalente di petrolio. Unità di misura di grandi quantità di energia. La TEP è adottata, ad esempio, nei bilanci energetici o nelle valutazioni statistiche ed equivale all'energia sviluppata dalla combustione di una tonnellata di petrolio.

Tipo spettrale – Le stelle vengono suddivise in diversi tipi spettrali a seconda delle righe dello spettro che emettono; da esse si possono ricavare indicazioni sulla temperatura e sulla pressione alla superficie della stella, nonché sulla sua composizione chimica. Ad ogni tipo spettrale corrisponde un determinato intervallo di temperatura superficiale della stella.

U.A. – Unità di distanza astronomica che corrisponde alla distanza media Terra-Sole e pari a circa 150 milioni di Km.

Vento stellare (solare) – Flusso di particelle cariche (plasma) emesso dal Sole o da una stella.
Vettoriamento – È il servizio di trasporto dell'energia elettrica da uno o più punti di consegna a uno o più punti di riconsegna.

VIA – La Valutazione d'Impatto Ambientale è una procedura tecnico-amministrativa di verifica della compatibilità ambientale di un progetto, introdotta a livello europeo con la Direttiva CEE 337/85 e integrata recentemente con la Direttiva 11/97CE. Essa è finalizzata all'individuazione, descrizione e quantificazione degli effetti che un determinato progetto, opera o azione, potrebbe avere sull'ambiente, inteso come insieme delle risorse naturali di un territorio e delle attività antropiche in esso presenti.

Vita utile – Periodo di tempo entro cui un determinato sistema o componente è in grado di svolgere le sue funzioni operative entro un prefissato livello di prestazioni.

Volt (V) – Unità di misura della tensione elettrica.

Wafer – Fetta di silicio che costituisce la base della cella fotovoltaica, di spessore variabile tra 250 e 350 mm (millesimi di millimetro) ottenuta dal taglio dei lingotti prodotti mediante la fusione del silicio di scarto dell'industria elettronica.

Watt (W) – Unità di misura della potenza elettrica.

Watt di picco (Wp) – Unità di misura usata per indicare la potenza che un dispositivo fotovoltaico può produrre in condizioni STC.

Wattora (Wh) – Unità di misura dell'energia.

Zenit – Punto sulla volta celeste situato sulla verticale di un osservatore.

Zona radioattiva – Regione di una stella nella quale l'energia prodotta al centro per fusione nucleare viene trasportata verso l'esterno dalla radiazione. Viceversa, nella zona convettiva di una stella l'energia viene trasportata da moti d'insieme della materia verso l'esterno.

BIBLIOGRAFIA GENERALE

F. P. Califano, V. Silvestrini, G. Vitale, *La progettazione dei sistemi fotovoltaici*, Liguori editore.

M. A.Cucumo, V. Marinelli, G. Oliveti, *Ingegneria solare – Principi ed applicazioni*, Pitagora editrice Bologna.

A. Magrini, D. Ena, *Tecnologie solari attive e passive – Pannelli fotovoltaici e applicazioni integrate in edilizia*, EPC libri.

ISES ITALIA, *Fotovoltaico – Guida per progettisti e per installatori*, Fondazione IDIS – Città della scienza – ISES ITALIA.

F. Groppi, C. Zuccaio, *Impianti solari fotovoltaici a norme CEI*, Milano, UTET, 2002.

Riviste "FV Fotovoltaici", Artenergy Publishing S.r.l.

L'energia fotovoltaica - quaderno dell'energia n° 21; Ed. ENEL.

Energia solare per l'edilizia residenziale; M. Vallario (1998).

UNI 10349 - Riscaldamento e raffrescamento degli edifici - Dati climatici; Ed. UNI, Milano (1994).

UNI 8477-1 - Energia solare - Calcoli degli apporti per applicazioni in edilizia - Valutazione dell'energia raggiante ricevuta; Ed. UNI, Milano (1983).

NOTE:

NOTE:

NOTE:

NOTE:

NOTE:

NOTE:

NOTE:

NOTE:

NOTE:

NOTE:

NOTE:

www.ingramcontent.com/pod-product-compliance
Lightning Source LLC
Chambersburg PA
CBHW070826180526
45168CB00002B/752